# 한국수학학력평가
**KMA** (Korean Mathematics Ability Evaluation)



## 1 KMA 특징

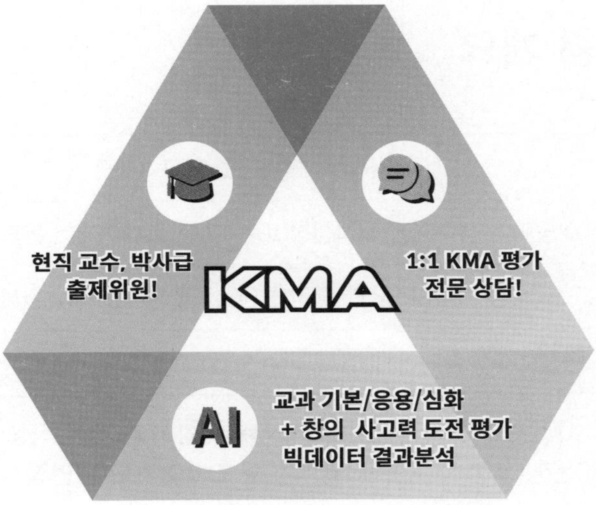


**KMA 한국수학학력평가**는 개개인의 현재 수학실력에 대한 면밀한 정보를 제공하고자 인공지능(AI)을 통한 빅데이터 평가 자료를 기반으로 문항별, 단원별 분석과 교과 역량 지표를 분석합니다. 또한 이를 바탕으로 전체 응시자 평균점과 상위 30 %, 10 % 컷 점수를 알고 본인의 상대적 위치를 확인할 수 있습니다.

**KMA 한국수학학력평가**는 단순 점수와 등급 확인을 위한 평가가 아니라 미래사회가 요구하는 수학 교과 역량 평가지표 5가지 영역을 평가함으로써 수학실력 향상의 새로운 기준을 만들었습니다.

**KMA 한국수학학력평가**는 평가 후 희망 학부모에 한하여 진단 상담 신청서와 상담 예약서를 작성하여 자녀의 수학학습에 관한 1 : 1 상담을 받을 수 있습니다.

## 2 KMA/KMAO 평가 일정 안내

| 구분 | 일정 | 내용 |
|---|---|---|
| 한국수학학력평가(상반기 예선) | 매년 6월 | 상위 10% 성적 우수자에 본선 진출권 자동 부여 |
| 한국수학학력평가(하반기 예선) | 매년 11월 | |
| 왕수학 전국수학경시대회(본선) | 매년 1월 | 상반기 또는 하반기 KMA 한국수학학력평가에서<br>상위 10% 성적 우수자 대상으로 본선 진행 |

※ 상기 일정은 상황에 따라 변동될 수 있습니다.

## 3 KMA 시험 개요

| | |
|---|---|
| 참가 대상 | 초등학교 1학년~중학교 3학년 |
| 신청 방법 | 해당지역 접수처에 직접신청 또는 KMA 홈페이지에 온라인 접수 |
| 시험 범위 | 초등 : 1학기 1단원~5단원(단, 초등 1학년은 4단원까지) |
| | 중등 : KMA홈페이지(www.kma-e.com) 참조 |

※ 초등 1, 2학년 : 25문항(총점 100점, 60분) ▶ **시험지 内 답안작성**

※ 초등 3학년~중등 3학년 : 30문항(총점 120점, 90분) ▶ **OMR 카드 답안작성**

## 4 KMA 평가 영역

**KMA 한국수학학력평가**에서는 아래 5가지 수학교과역량을 평가에 반영하였습니다.

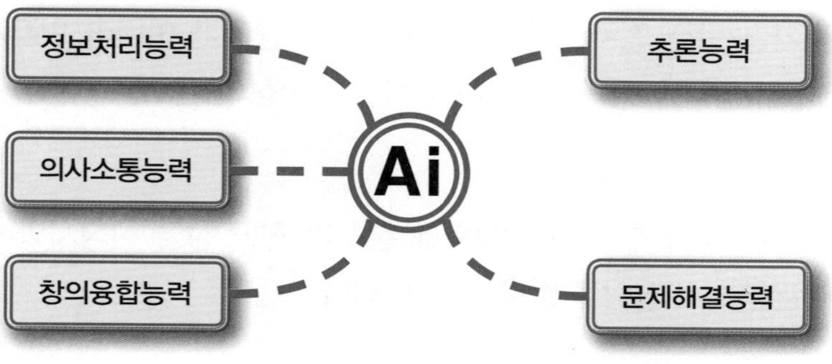

## 5 KMA 평가 내용

| | |
|---|---|
| 교과서 기본 과정 (10문항) | 해당학년 수학 교과과정에서 기본개념과 원리에 기반 한 교과서 기본문제 수준으로 수학적 원리와 개념을 정확히 알고 있는지를 측정하는 문항들로 구성됩니다. |
| 교과서 응용 과정 (10문항) | 해당학년 수학 교과과정의 수학적 원리와 개념을 정확히 알고 기본문제에서 한 단계 발전된 형태의 수준으로 기본과정의 개념과 원리를 다양한 상황에 적용하고 응용 할 수 있는지를 측정하는 문항들로 구성됩니다. |
| 교과서 심화 과정 (5문항) | 해당학년의 수학 교과과정의 내용을 정확히 알고, 이를 다양한 상황에 적용하고 응용하는 능력뿐만 아니라, 문제에서 구하는 내용과 주어진 조건과의 상호 관련성을 파악하여 문제를 해결할 수 있는지를 측정하는 문항들로 구성됩니다. |
| 창의 사고력 도전 문제 (5문항) | 학습한 수학내용을 자유자재로 문제상황에 적용하며, 창의적으로 문제를 해결할 수 있는 수준으로 이 수준의 문항은 학생들이 기존의 풀이방법에서 벗어나 창의성을 요구하는 비정형 문항으로 구성됩니다. |

※ 창의 사고력 도전 문제는 초등 3학년~중등 3학년만 적용됩니다.

## 6 KMA 평가 시상

| | 시상명 | 대상자 | 시상내역 |
|---|---|---|---|
| 개인 | 금상 | 90점 이상 | 상장, 메달 |
| | 은상 | 80점 이상 | 상장, 메달 |
| | 동상 | 70점 이상 | 상장, 메달 |
| | 장려상 | 50점 이상 | 상장 |
| 학원 | 최우수학원상 | 수상자 다수 배출 상위 10개 학원 | 상장, 상패, 현판 |
| | 우수학원상 | 수상자 다수 배출 상위 30개 학원 | 상장, 족자(배너) |
| | 우수지도교사상 | 상위 10% 성적 우수학생의 지도교사 | 상장 |

※ 상위 10% 이내 성적 우수자에 본선(KMAO 왕수학 전국수학경시대회) 진출권 부여

## 7 KMA OMR 카드 작성시 유의사항

1. 모든 항목은 컴퓨터용 사인펜만 사용하여 보기와 같이 표기하시오.
   보기) ① ● ③
   ※ 잘못된 표기 예시 : ✓ ✗ ⊙ ∅
2. 수정시에는 수정테이프를 이용하여 깨끗하게 수정합니다.
3. 수험번호란과 생년월일란에는 감독 선생님의 지시에 따라 아라비아 숫자로 쓰고 해당란에
3. 표기하시오.
4. 답란에는 아라비아 숫자를 쓰고, 해당란에 표기하시오.
   ※ OMR카드를 잘못 작성하여 발생한 성적 결과는 책임지지 않습니다.

**OMR 카드 답안작성 예시 1**

**한 자릿수**

예1) 답이 1 또는 선다형 답이 ①인 경우

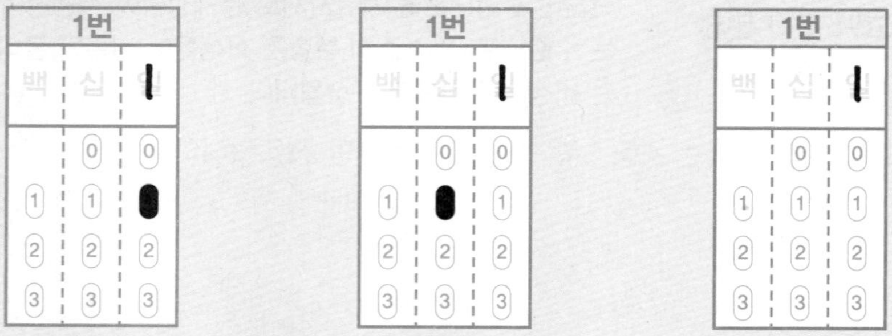


(O) (X) (X)

**OMR 카드 답안작성 예시 2**

**두 자릿수**

예2) 답이 12인 경우

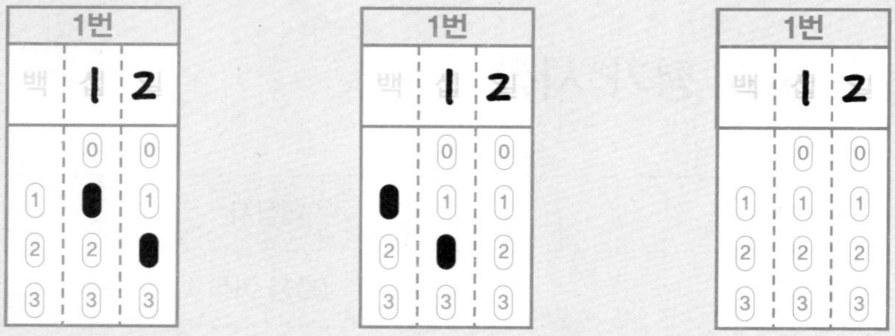


(O) (X) (X)

**OMR 카드 답안작성 예시 3**

**세 자릿수**

예3) 답이 230인 경우

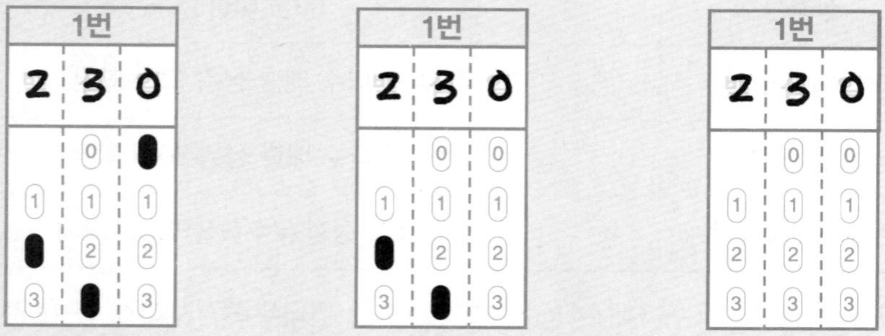


(O) (X) (X)

## 8 KMA 접수 안내 및 유의사항

(1) 가까운 지정 접수처 또는 KMA 홈페이지(www.kma-e.com)에서 접수합니다.

(2) 지정 접수처 접수 시, 응시원서를 작성하여 응시료와 함께 접수합니다.
(KMA 홈페이지에서 응시원서를 다운로드 받아 사용 가능)

(3) 응시원서는 모든 사항을 빠짐없이 정확하게 작성합니다.
시험장소는 접수 마감 후 추후 KMA 홈페이지에 공지할 예정입니다.

(4) 초등학교 3학년 응시생부터는 OMR 카드를 사용하여 답안을 작성하기 때문에 KMA 홈페이지에서 OMR 카드를 다운로드하여 충분히 연습하시기 바랍니다.
(OMR 카드를 잘못 작성하여 발생한 성적에 대해서는 책임지지 않습니다.)

(5) 부정행위 또는 타인의 시험을 방해하는 행위 적발 시, 즉각 퇴실 조치하고 당해 시험은 0점 처리되오니, 이점 유의하시기 바랍니다.

## 9 KMAO 왕수학 전국수학경시대회(본선)

**KMA 한국수학학력평가** 성적 우수자(상위 10%) 등을 대상으로 왕수학 전국수학경시대회를 통해 우수한 수학 영재를 조기에 발굴 교육함으로, 수학적 문제해결력과 창의 융합적 사고력을 키워 미래의 우수한 글로벌 리더를 키우고자 본 경시대회를 개최합니다.

| | |
|---|---|
| 참가 대상 및 응시료 | KMA 한국수학학력평가 상반기 또는 하반기에서 성적 우수자 상위 10% 해당자로 본선 진출 자격을 받은 학생 또는 일반 참가 학생<br>* 본선 진출 자격을 받은 학생들은 응시료를 할인 받을 수 있는 혜택이 있습니다. |
| 대상 학년 | 초등 : 초3 ~ 초6(상급학년 지원 가능)<br>※초1~2학년은 본선 시험이 없으므로 초3학년에 응시 자격 부여함.<br>중등 : 중등 통합 공통과정(학년구분 없음) |
| 출제 문항 및 시험 시간 | 주관식 단답형(23문항), 서술형(2문항)<br>시험 시간 : 90분<br>* 풀이 과정에 따른 부분 점수가 있을 수 있습니다. |
| 시험 난이도 | 왕수학(실력), 점프왕수학, 응용왕수학, 올림피아드왕수학 수준 |

* 시상 및 평가 일정 등 자세한 내용은 KMA 홈페이지(www.kma-e.com)에서 확인 하실 수 있습니다.

# 10 교재의 구성과 특징

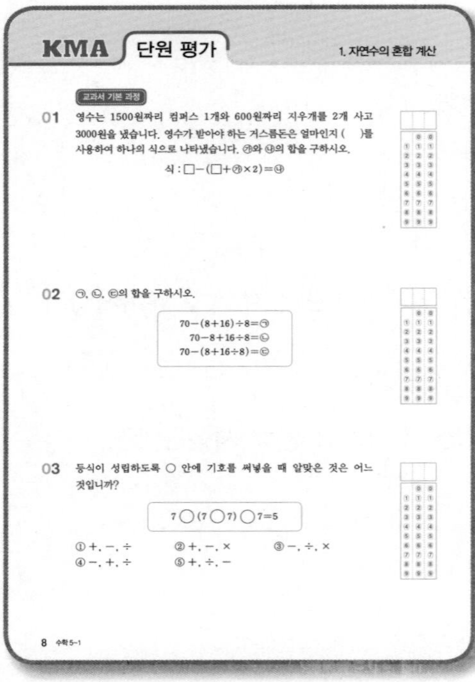
KMA 단원 평가 1. 자연수의 혼합 계산

교과서 기본 과정

01 영수는 1500원짜리 컴퍼스 1개와 600원짜리 지우개를 2개 사고 3000원을 냈습니다. 영수가 받아야 하는 거스름돈은 얼마인지 ( )를 사용하여 하나의 식으로 나타냈습니다. ㉮와 ㉯의 합을 구하시오.

식 : □−(□+㉮×2)=㉯

02 ㉠, ㉡, ㉢의 합을 구하시오.

70−(8+16)÷8=㉠
70−8+16÷8=㉡
70−(8+16÷8)=㉢

03 등식이 성립하도록 ○ 안에 기호를 써넣을 때 알맞은 것은 어느 것입니까?

7○(7○7)○7=5

① +, −, ÷ ② +, −, × ③ −, ÷, ×
④ −, +, ÷ ⑤ +, ÷, −

8 수학 5-1

## 단원평가

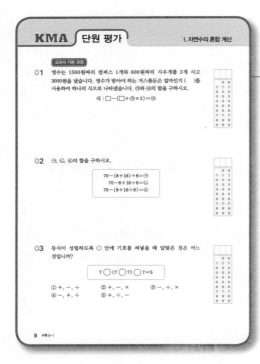

KMA 시험을 대비할 수 있는 문제 유형들을 단원별로 정리하여 수록하였습니다.

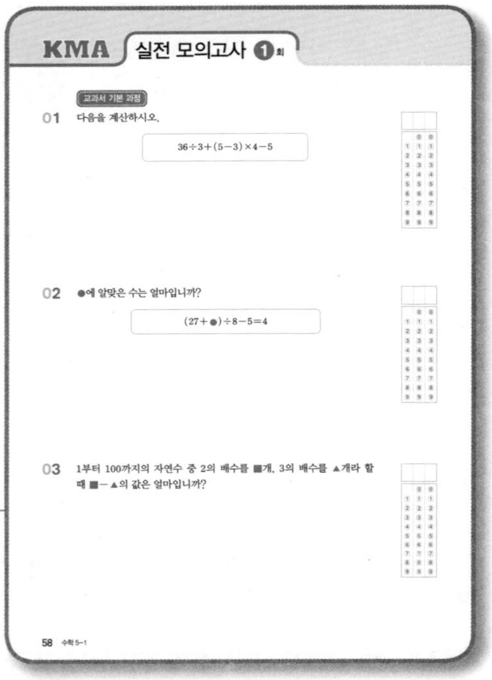
KMA 실전 모의고사 1회

교과서 기본 과정

01 다음을 계산하시오.

36÷3+(5−3)×4−5

02 ●에 알맞은 수는 얼마입니까?

(27+●)÷8−5=4

03 1부터 100까지의 자연수 중 2의 배수를 ■개, 3의 배수를 ▲개라 할 때 ■−▲의 값은 얼마입니까?

58 수학 5-1

## 실전 모의고사

출제율이 높은 문제를 수록하여 KMA 시험을 완벽하게 대비할 수 있도록 합니다.

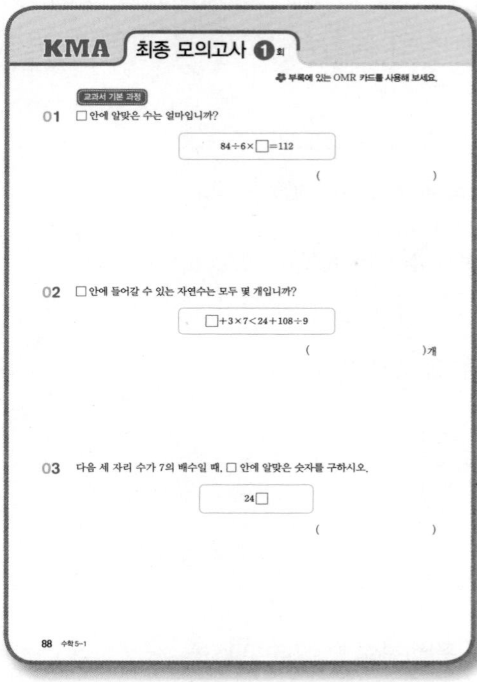
KMA 최종 모의고사 1회

부록에 있는 OMR 카드를 사용해 보세요.

교과서 기본 과정

01 □ 안에 알맞은 수는 얼마입니까?

84÷6×□=112

( )

02 □ 안에 들어갈 수 있는 자연수는 모두 몇 개입니까?

□+3×7<24+108÷9

( )개

03 다음 세 자리 수가 7의 배수일 때, □ 안에 알맞은 숫자를 구하시오.

24□

( )

88 수학 5-1

## 최종 모의고사

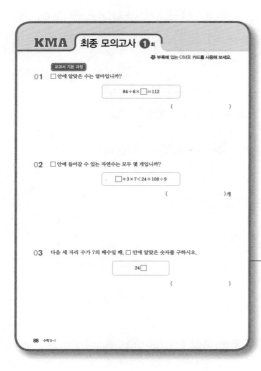

KMA 출제 위원과 검토 위원들이 문제 난이도와 타당성 등을 모두 고려한 최종 모의고사를 통하여 KMA 시험을 최종적으로 대비할 수 있도록 하였습니다.

# 차례

## Contents



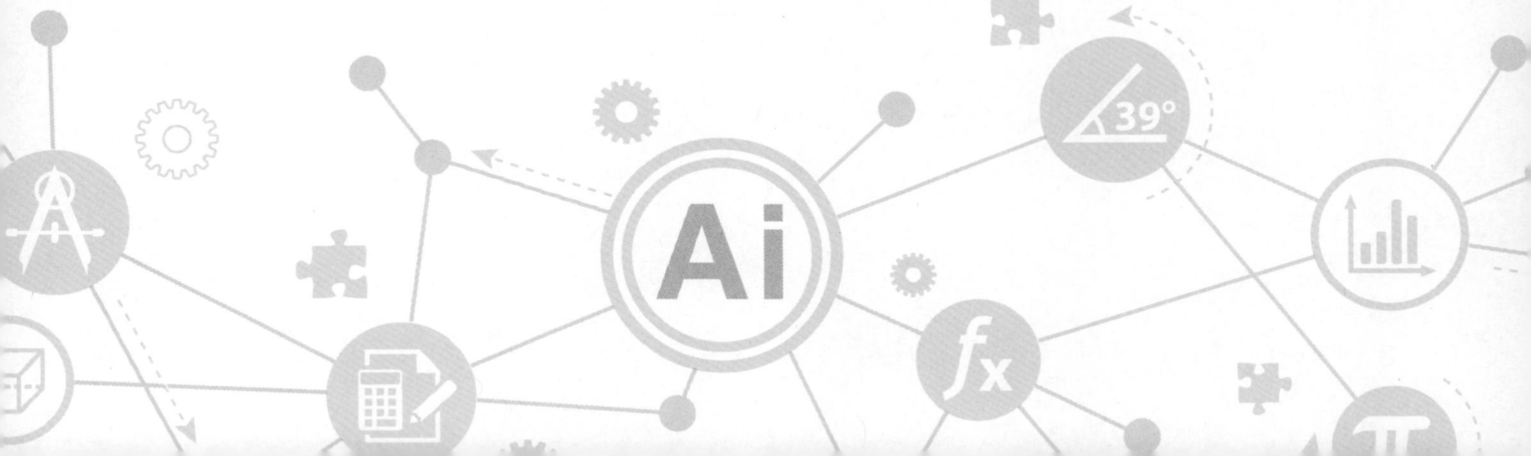

교과서 기본 과정

**01** 나눗셈의 몫을 $\frac{㉡}{㉠}$으로 나타낼 때 ㉠+㉡의 최솟값은 얼마입니까?

$$4\frac{2}{3}\div 7$$

**02** 계산 결과가 가장 큰 것은 어느 것입니까?

① $8\frac{1}{2}\div 11$ ② $9\frac{4}{5}\div 7$ ③ $7\frac{1}{2}\div 3$

**03** $\frac{5}{9}\times 4\div 3$과 계산 결과가 같은 것은 어느 것입니까?

① $\frac{5}{9}\times\frac{1}{4}\times\frac{3}{1}$ ② $\frac{9}{5}\times\frac{4}{3}$ ③ $\frac{5}{9}\times\frac{1}{4\times 3}$

④ $\frac{5}{9}\times\frac{1}{4}\times\frac{1}{3}$ ⑤ $\frac{5\times 4}{9\times 3}$

**04** 평행사변형의 밑변의 길이를 ㉠$\frac{㉢}{㉡}$ cm라 할 때, ㉠+㉡+㉢의 최솟값은 얼마입니까?

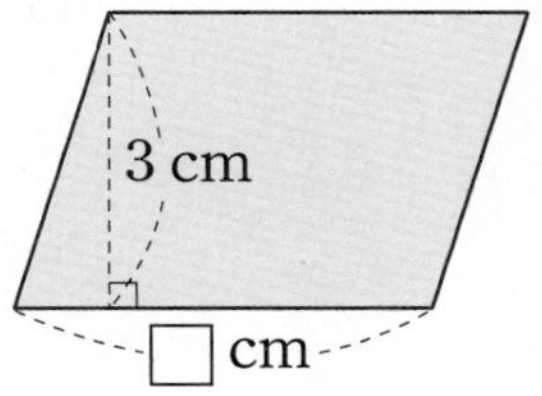


넓이 : $12\frac{3}{5}$ cm²

**05** 무게가 같은 벽돌 15장의 무게는 $31\frac{1}{4}$ kg입니다. 이 벽돌 1장의 무게를 ㉠$\frac{㉢}{㉡}$ kg이라 할 때, ㉠+㉡+㉢의 최솟값은 얼마입니까?

**06** 원 모양의 호수가 있습니다. 이 호수의 둘레는 $78\frac{2}{5}$ m이고, 이 호수의 둘레에 12개의 깃발을 같은 간격으로 꽂으려고 합니다. 깃발의 간격을 가분수로 나타내면 $\frac{㉡}{㉠}$ m라고 할 때, ㉠+㉡의 최솟값은 얼마입니까?

**07** 다음 중 계산 결과가 나머지와 <u>다른</u> 하나는 어느 것입니까?

① $\frac{9}{11} \div 6$　② $\frac{9}{11} \times \frac{1}{6}$　③ $\frac{9}{11 \times 6}$

④ $\frac{9 \times 6}{11}$　⑤ $\frac{3}{22}$

**08** 가장 작은 수를 가장 큰 수로 나눈 몫을 $\frac{㉡}{㉠}$으로 나타낼 때 ㉠+㉡의 최솟값은 얼마입니까?

| | | | |
|---|---|---|---|
| $7$ | $\frac{14}{9}$ | $5$ | $2\frac{1}{2}$ |

**09** 다음 식 중에서 계산 결과가 대분수인 것은 몇 개입니까?

| | | |
|---|---|---|
| ㉮ $5\frac{1}{9} \div 6$ | ㉯ $5\frac{1}{3} \div 4$ | ㉰ $6\frac{1}{13} \div 5$ |
| ㉱ $11\frac{6}{11} \div 8$ | ㉲ $2\frac{3}{13} \div 2$ | ㉳ $7\frac{3}{16} \div 8$ |

**10** □ 안에 알맞은 수를 ㉠$\frac{㉢}{㉡}$이라 할 때, ㉠+㉡+㉢의 최솟값은 얼마입니까?

$$\square \div 6 \times 4 = 4\frac{1}{4}$$

| | | |
|---|---|---|
| | ⓪ | ⓪ |
| ① | ① | ① |
| ② | ② | ② |
| ③ | ③ | ③ |
| ④ | ④ | ④ |
| ⑤ | ⑤ | ⑤ |
| ⑥ | ⑥ | ⑥ |
| ⑦ | ⑦ | ⑦ |
| ⑧ | ⑧ | ⑧ |
| ⑨ | ⑨ | ⑨ |

교과서 응용 과정

**11** 주어진 식을 계산한 결과가 자연수가 되도록 ㉮에 알맞은 수를 구하시오.

$$10\frac{㉮}{13} \div 135 \times 39$$

| | | |
|---|---|---|
| | ⓪ | ⓪ |
| ① | ① | ① |
| ② | ② | ② |
| ③ | ③ | ③ |
| ④ | ④ | ④ |
| ⑤ | ⑤ | ⑤ |
| ⑥ | ⑥ | ⑥ |
| ⑦ | ⑦ | ⑦ |
| ⑧ | ⑧ | ⑧ |
| ⑨ | ⑨ | ⑨ |

**12** $\begin{vmatrix} ㄱ & ㄴ \\ ㄷ & ㄹ \end{vmatrix}$=(ㄱ÷ㄹ)+(ㄴ÷ㄷ)이라고 약속할 때, 오른쪽을 계산하면 $\frac{㉡}{㉠}$입니다. ㉠+㉡의 최솟값은 얼마입니까?

$$\begin{vmatrix} 1\frac{3}{4} & \frac{4}{5} \\ 3 & 5 \end{vmatrix}$$

| | | |
|---|---|---|
| | ⓪ | ⓪ |
| ① | ① | ① |
| ② | ② | ② |
| ③ | ③ | ③ |
| ④ | ④ | ④ |
| ⑤ | ⑤ | ⑤ |
| ⑥ | ⑥ | ⑥ |
| ⑦ | ⑦ | ⑦ |
| ⑧ | ⑧ | ⑧ |
| ⑨ | ⑨ | ⑨ |

**13** 길이가 $7\frac{1}{2}$ m인 끈을 3등분 하고, 그중 한 도막을 다시 4등분 하였습니다. 4등분 한 것 중 한 도막의 길이를 $\frac{㉡}{㉠}$ m라 할 때, ㉠+㉡의 최솟값은 얼마입니까?

**14** 오른쪽 그림은 삼각형의 밑변을 4등분 한 것입니다. 색칠한 삼각형의 넓이는 몇 $cm^2$입니까?

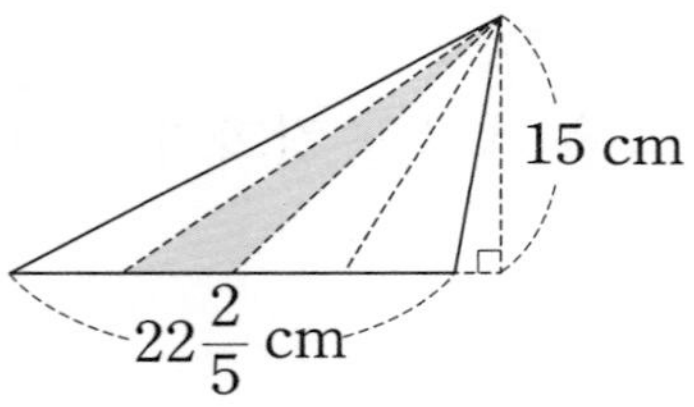


**15** 소금 $10\frac{4}{5}$ kg을 무게가 같은 통 6개에 똑같이 나누어 담으려고 합니다. 빈 통 1개의 무게가 $\frac{4}{5}$ kg이고, 소금이 든 통 1개의 무게가 ㉠$\frac{㉢}{㉡}$ kg일 때, ㉠+㉡+㉢의 최솟값은 얼마입니까?

**16** 한 봉지에 $2\frac{2}{5}$ kg씩 들어 있는 설탕 봉지가 4개 있습니다. 이 설탕을 6명이 남김없이 똑같이 나누어 가지려고 합니다. 한 사람이 가지게 되는 설탕의 무게를 ㉠$\frac{㉢}{㉡}$ kg이라 할 때, ㉠+㉡+㉢의 최솟값은 얼마입니까?

| | | |
|---|---|---|
| | ⓪ | ⓪ |
| ① | ① | ① |
| ② | ② | ② |
| ③ | ③ | ③ |
| ④ | ④ | ④ |
| ⑤ | ⑤ | ⑤ |
| ⑥ | ⑥ | ⑥ |
| ⑦ | ⑦ | ⑦ |
| ⑧ | ⑧ | ⑧ |
| ⑨ | ⑨ | ⑨ |

**17** □ 안에 알맞은 자연수를 써넣어 계산 결과가 자연수가 되게 하려고 합니다. □ 안에 들어갈 수 있는 가장 작은 자연수를 구하시오.

$5\frac{4}{9} \times \square \div 7$

| | | |
|---|---|---|
| | ⓪ | ⓪ |
| ① | ① | ① |
| ② | ② | ② |
| ③ | ③ | ③ |
| ④ | ④ | ④ |
| ⑤ | ⑤ | ⑤ |
| ⑥ | ⑥ | ⑥ |
| ⑦ | ⑦ | ⑦ |
| ⑧ | ⑧ | ⑧ |
| ⑨ | ⑨ | ⑨ |

**18** 다음 식은 모두 나누어떨어지고 □ 안의 수는 모두 같습니다. 가장 큰 몫은 가장 작은 몫의 $\frac{㉡}{㉠}$배라고 할 때, ㉠+㉡의 최솟값은 얼마입니까?

$\square \div 5$ $\quad \square \div 7$ $\quad \square \div 9$ $\quad \square \div 18$

| | | |
|---|---|---|
| | ⓪ | ⓪ |
| ① | ① | ① |
| ② | ② | ② |
| ③ | ③ | ③ |
| ④ | ④ | ④ |
| ⑤ | ⑤ | ⑤ |
| ⑥ | ⑥ | ⑥ |
| ⑦ | ⑦ | ⑦ |
| ⑧ | ⑧ | ⑧ |
| ⑨ | ⑨ | ⑨ |

**19** ★ 안에 들어갈 수 있는 수 중에서 가장 작은 자연수는 얼마입니까?

$$1\frac{3}{5} \div ★ < \frac{2}{7}$$

**20** ■, ▲, ●는 모두 자연수입니다. ■가 될 수 있는 수 중 가장 작은 수는 얼마입니까?

$$5\frac{1}{7} \div ■ = \frac{1}{▲} \quad 4\frac{4}{11} \div ■ = \frac{1}{●}$$

교과서 심화 과정

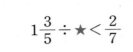

**21** 오른쪽 도형의 넓이는 58 $cm^2$입니다. □ 안에 알맞은 수를 ㉠$\frac{㉢}{㉡}$이라고 할 때, ㉠+㉡+㉢의 최솟값은 얼마입니까?

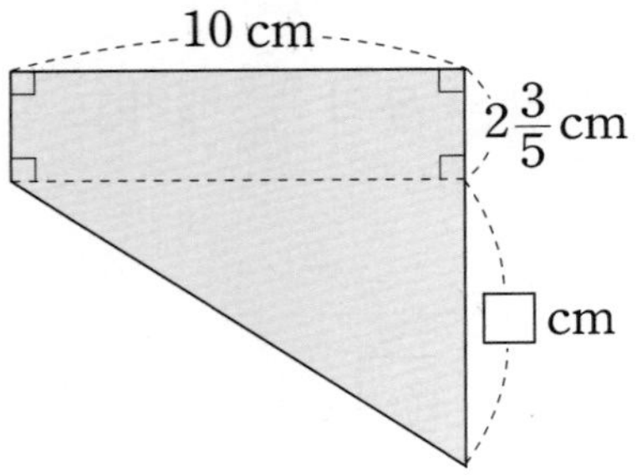

**22** 다음 조건에 알맞은 수를 각각 찾아 ㉠+㉡의 값을 구하시오.

• $(㉠+1\div㉡)\div9=\frac{16}{27}$
• ㉠과 ㉡은 각각 자연수입니다.

**23** 가로가 6 m이고 넓이가 $22\frac{1}{2}$ $m^2$ 인 직사각형 모양의 꽃밭이 있습니다. 이 꽃밭의 가로를 2 m 줄이고, 세로를 늘여서 처음 넓이와 같게 만들려고 합니다. 늘여야 할 세로의 길이를 ㉠$\frac{㉢}{㉡}$ m라고 할 때, ㉠+㉡+㉢의 최솟값은 얼마입니까?

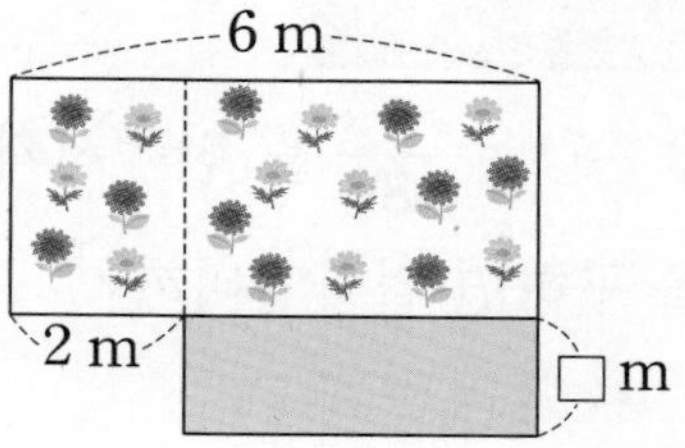


**24** 세 수 ㉮, ㉯, ㉰가 있습니다. ㉮를 ㉯로 나누면 $\frac{4}{5}$이고, ㉯를 ㉰로 나누면 $1\frac{1}{2}$입니다. ㉮를 ㉰로 나눈 몫을 가분수로 나타내면 $\frac{㉡}{㉠}$일 때, ㉠+㉡의 최솟값은 얼마입니까?

**25** □ 안에 들어갈 수 있는 자연수는 모두 몇 개입니까?

$$\frac{5}{7} \div 4 < 1\frac{1}{4} \div \square < 2\frac{6}{7} \div 5$$

창의 사고력 도전 문제

**26** ㉠÷㉡÷㉡$=\frac{1}{180}$을 만족시키는 가장 작은 자연수 ㉠과 ㉡을 찾아 그 합을 구하면 얼마입니까?

**27** 26 kg의 감자를 세 사람이 나누어 가졌는데, 갑은 을보다 $5\frac{1}{2}$ kg 적게 가졌고, 을은 병이 가진 양의 3배를 가졌습니다. 갑은 몇 kg의 감자를 가졌습니까?

**28** 다음 중 나눗셈의 몫을 ㉮라고 할 때 ㉮$\times 1000 > 5$가 되는 것은 모두 몇 개입니까?

$$\frac{1}{10}\div 11,\ \frac{1}{11}\div 12,\ \frac{1}{12}\div 13,\ \frac{1}{13}\div 14,\ \frac{1}{14}\div 15,\ \cdots\cdots$$

**29** 보기에서 규칙을 찾아 다음 식을 계산하면 $\frac{㉡}{㉠}$이라고 합니다. ㉠+㉡의 최솟값은 얼마입니까?

보기

$$\frac{1}{6}=\frac{1}{2\times 3}=\left(\frac{1}{2}-\frac{1}{3}\right)\div(3-2)$$

$$\frac{1}{10}=\frac{1}{2\times 5}=\left(\frac{1}{2}-\frac{1}{5}\right)\div(5-2)$$

$$\frac{1}{8}+\frac{1}{24}+\frac{1}{48}+\frac{1}{80}+\frac{1}{120}=\frac{㉡}{㉠}$$

**30** $\frac{105}{8}$를 어떤 자연수로 나누어 기약분수로 나타내었더니 가분수이면서 분모가 8보다 큰 분수가 되었습니다. 어떤 자연수가 될 수 있는 수는 모두 몇 개입니까?

교과서 기본 과정

**01** 다음 중 각기둥과 각뿔에 대한 설명으로 바르지 않은 것은 어느 것입니까?

① 각기둥의 두 밑면은 합동입니다.
② 각기둥의 옆면은 항상 직사각형입니다.
③ 각뿔의 옆면은 항상 삼각형입니다.
④ 각뿔의 면의 수와 꼭짓점의 수는 항상 같습니다.
⑤ 각기둥의 꼭짓점의 수는 모서리의 수보다 항상 많습니다.

**02** 오각기둥의 면의 수는 ㉠, 모서리의 수는 ㉡, 꼭짓점의 수는 ㉢입니다. ㉠+㉡+㉢은 얼마입니까?

**03** 육각기둥의 전개도는 어느 것입니까?

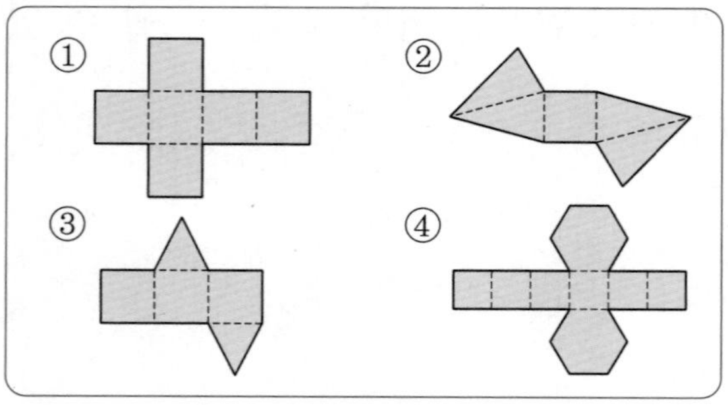

**04** 표를 완성하였을 때, ㉠+㉡+㉢의 값은 얼마입니까?

| 입체도형 | 꼭짓점의 수(개) | 면의 수(개) | 모서리의 수(개) |
|---|---|---|---|
| 삼각기둥 | | ㉡ | |
| 오각뿔 | ㉠ | | ㉢ |

**05** 삼각기둥과 그 전개도를 보고 ㉠, ㉡, ㉢, ㉣에 알맞은 수를 찾아 합을 구하시오.

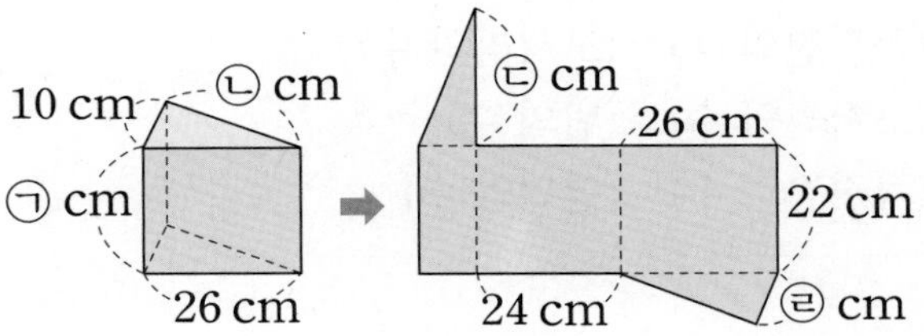


**06** 오른쪽 그림은 밑면이 정오각형인 입체도형의 전개도입니다. 이 전개도를 접어서 만든 입체도형의 모든 모서리의 길이의 합은 몇 cm입니까?

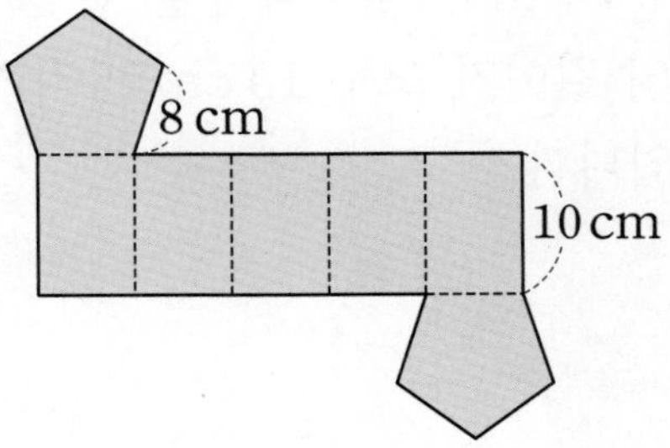

**07** 꼭짓점의 수가 25개인 각뿔의 이름은 무엇입니까?

① 이십각뿔　② 이십이각뿔　③ 이십사각뿔
④ 이십오각뿔　⑤ 이십칠각뿔

**08** 십각뿔의 구성 요소 사이의 관계를 나타낸 것입니다. 옳지 <u>않은</u> 것은 어느 것입니까?

① (밑면의 수) < (옆면의 수)
② (꼭짓점의 수) < (모서리의 수)
③ (모서리의 수) > (면의 수)
④ (꼭짓점의 수) < (옆면의 수)

**09** 한 변이 7 cm인 정육각형을 밑면으로 하고, 옆면과 옆면이 만나는 모서리의 길이가 모두 13 cm인 각기둥의 모든 모서리의 길이의 합은 몇 cm입니까?

**10** 전개도의 점선을 따라 접었을 때, 만들어지는 입체도형의 모든 모서리의 길이의 합은 몇 cm입니까?

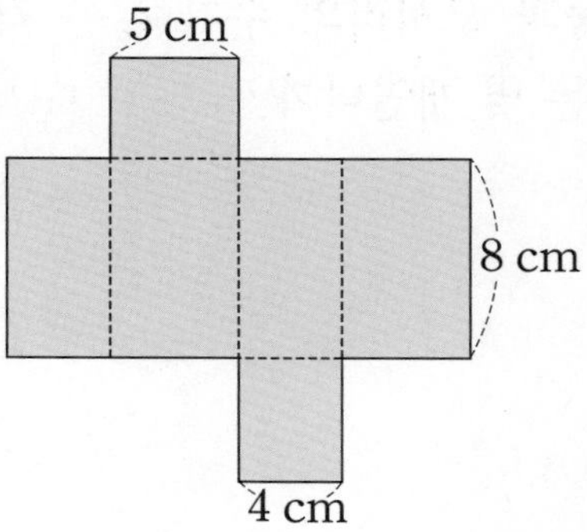


교과서 응용 과정

**11** 옆면이 모두 오른쪽 그림과 같은 이등변삼각형으로 이루어진 각뿔이 있습니다. 이 각뿔의 모든 모서리의 길이의 합이 198 cm일 때, 꼭짓점의 수는 몇 개입니까?

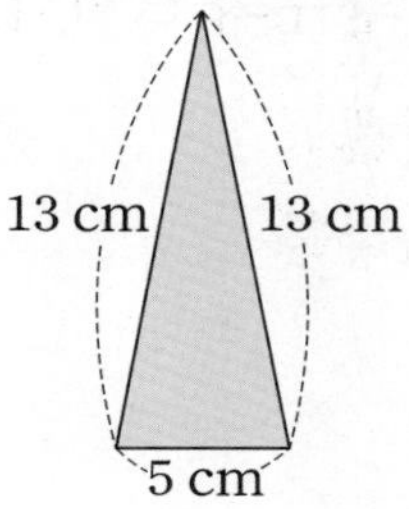


**12** ㉠+㉡+㉢의 값은 얼마입니까?

> 면의 수가 가장 적은 각뿔의 모서리의 수 : ㉠
> 면의 수가 가장 적은 각기둥의 면의 수 : ㉡
> 밑면과 옆면의 모양이 같은 각기둥의 꼭짓점의 수 : ㉢

**13** 팔각기둥과 모서리의 수가 같은 각뿔이 있습니다. 이 각뿔의 밑면의 변의 수는 몇 개입니까?

**14** 꼭짓점의 수와 모서리의 수의 합이 46개인 각뿔은 어느 것입니까?

① 십각뿔　　② 십이각뿔　　③ 십오각뿔

④ 십육각뿔　　⑤ 이십각뿔

**15** 오른쪽은 밑면이 정육각형인 각뿔의 전개도입니다. 점선을 따라 접었을 때, 만들어지는 입체도형의 모든 모서리의 길이의 합은 몇 cm입니까?

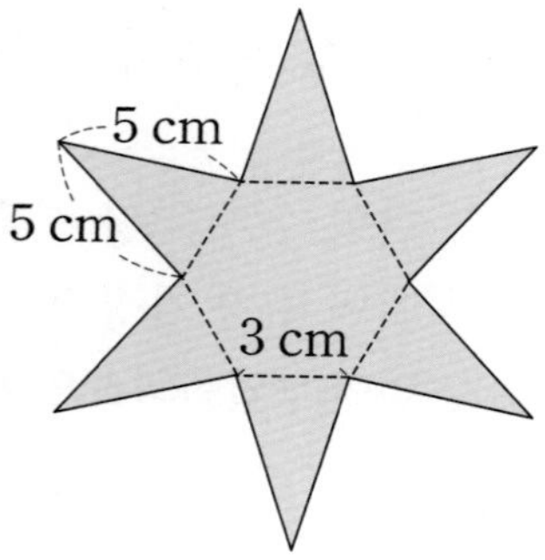

**16** 다음과 같이 삼각기둥의 전개도를 그렸을 때 전개도의 둘레의 길이는 몇 cm입니까?

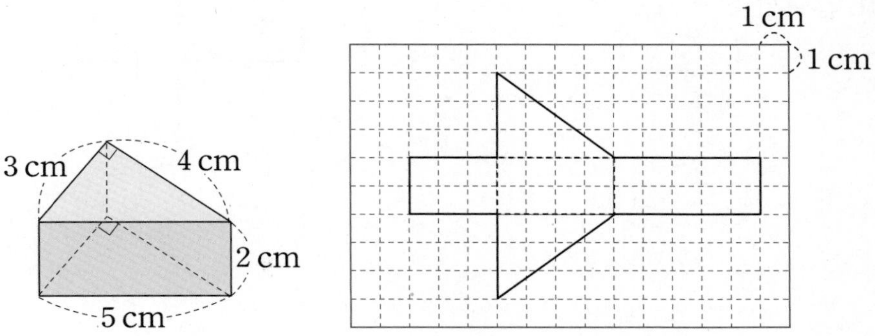


**17** 각기둥과 각기둥의 전개도입니다. 전개도의 둘레의 길이가 56 cm일 때, 각기둥의 높이는 몇 cm입니까?

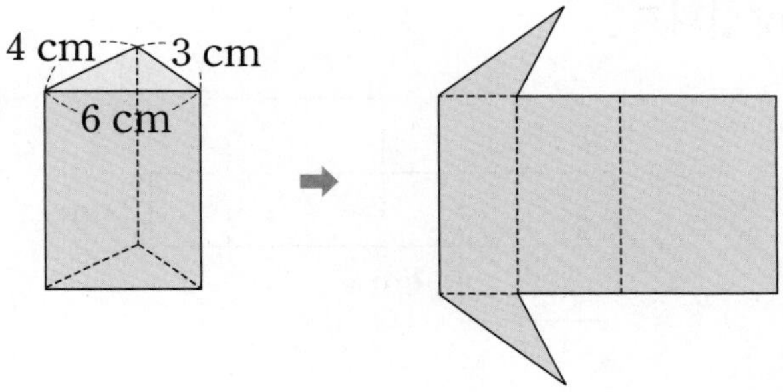


**18** 여러 가지 각기둥에서 면의 수, 모서리의 수, 꼭짓점의 수의 관계를 다음과 같이 나타낼 때, □ 안에 알맞은 수를 찾아 합을 구하면 얼마입니까?

> ㉠ (옆면의 수)=(면의 수)−□
>
> ㉡ (모서리의 수)×2=(꼭짓점의 수)×□
>
> ㉢ (꼭짓점의 수)+(모서리의 수)=(한 밑면의 변의 수)×□
>
> ㉣ (꼭짓점의 수)+(면의 수)−(모서리의 수)=□

**19** 오른쪽 전개도의 둘레가 114 cm일 때, 이 전개도로 만든 사각기둥의 모든 모서리의 길이의 합은 몇 cm입니까?

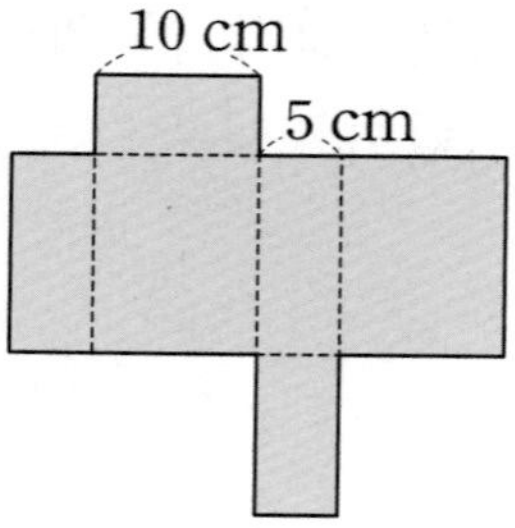

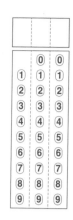


**20** 사각기둥 모양의 물통에 물을 넣은 후 그림과 같이 물통을 기울여서 물이 닿은 부분을 전개도에 색칠하려고 합니다. 전개도에서 색칠한 부분의 넓이는 몇 $cm^2$입니까?

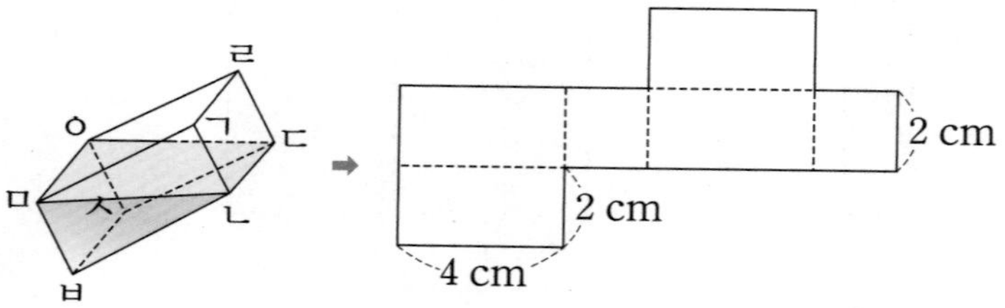


교과서 심화 과정

**21** 어느 입체도형의 면, 모서리, 꼭짓점의 수의 합은 50개입니다. 이 입체도형이 각기둥일 때는 한 밑면의 변의 수가 ㉠개이고, 각뿔일 때는 밑면의 변의 수가 ㉡개입니다. 이때 ㉠+㉡의 값은 얼마입니까?

**22** 오른쪽 그림과 같이 사각뿔의 모서리와 꼭짓점마다 둥근 모양의 색종이를 붙이려면 13개가 필요합니다. 둥근 모양의 색종이 58개가 사용되는 각뿔을 □각뿔이라고 할 때 □ 안에 알맞은 수는 얼마입니까?

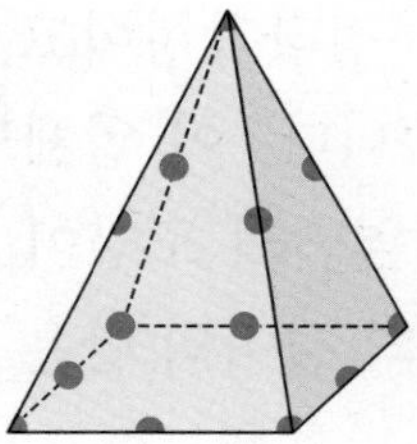

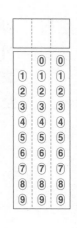

**23** 오른쪽 그림은 사각기둥의 일부를 자른 것입니다. 꼭짓점의 수와 모서리의 수의 합에서 면의 수를 빼면 얼마입니까?

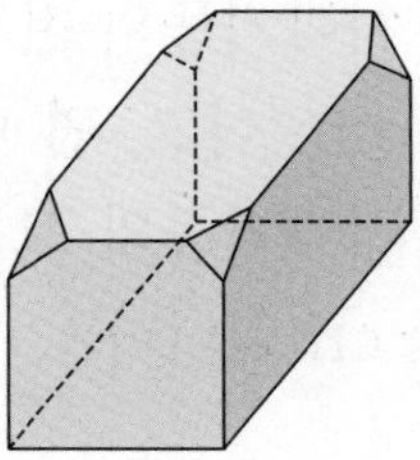

**24** 각기둥 ㉮, ㉯, ㉰의 모서리의 수를 모두 더하였더니 72개였습니다. 각기둥 ㉮, ㉯, ㉰의 면의 수의 합을 ㉠, 꼭짓점의 수의 합을 ㉡이라고 할 때 ㉠+㉡은 얼마입니까?

**25** 밑면이 정다각형이고, 높이가 16 cm인 입체도형이 있습니다. 이 입체도형의 꼭짓점의 수가 36개이고, 한 옆면의 모양이 오른쪽 그림과 같을 때, 모든 모서리의 길이의 합은 몇 cm입니까?

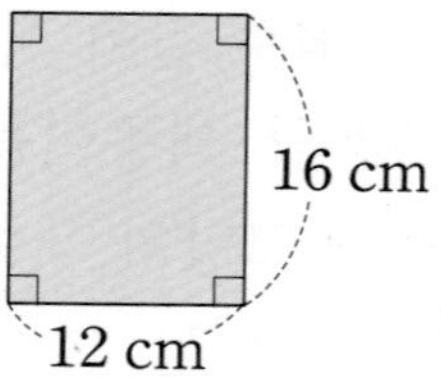


창의 사고력 도전 문제

**26** 오른쪽 사각기둥의 전개도에서 면 ㉮의 넓이가 40 $cm^2$이고, 면 ㉯의 넓이가 64 $cm^2$일 때, 사각기둥의 모든 모서리의 길이의 합은 몇 cm입니까?

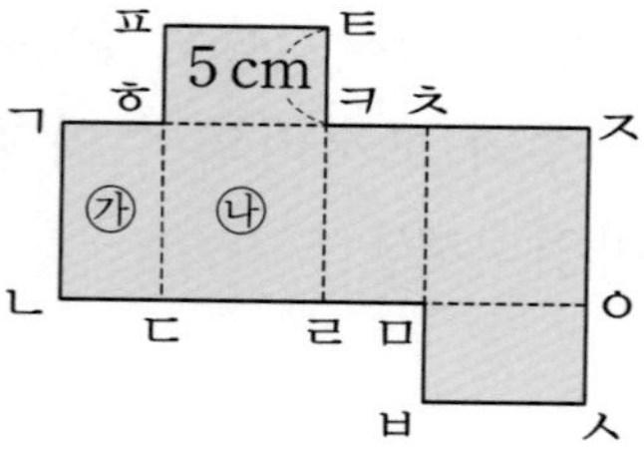


**27** 밑면은 가로가 12 cm, 세로가 10 cm인 직사각형이고, 옆면은 길이가 같은 두 변이 각각 15 cm인 이등변삼각형입니다. 이 입체도형의 전개도를 여러 가지 방법으로 그릴 때, 전개도의 둘레의 길이가 가장 큰 것과 가장 작은 것의 차이는 몇 cm입니까?

**28** 어떤 각뿔을 밑면과 평행한 평면으로 가운데를 잘랐더니 자른 부분의 아래에 있는 입체도형의 면의 수가 12개가 되었습니다. 잘려진 두 개의 입체도형의 꼭짓점의 수의 합은 몇 개입니까?

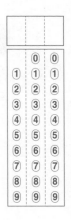

**29** 오른쪽은 대각선이 22 cm인 정사각형을 밑면으로 하는 사각뿔의 전개도입니다. 전개도의 각 꼭짓점을 이은 정사각형의 한 변이 44 cm일 때, 사각뿔의 전개도의 넓이는 몇 $cm^2$입니까?

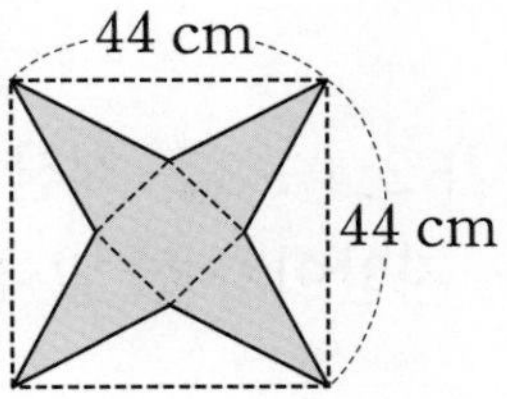


**30** 밑면이 정육각형인 크기가 같은 각기둥이 13개 있습니다. 각기둥의 옆면끼리 붙여 새로운 입체도형을 만들려고 합니다. 면의 수가 가장 적게 되도록 옆면을 붙였을 때, 새로 만든 입체도형의 면의 수는 모두 몇 개입니까?

교과서 기본 과정

**01** ㉮ 막대의 길이는 ㉯ 막대의 길이의 ㉠.㉡배입니다. ㉠.㉡×10의 값은 얼마입니까?

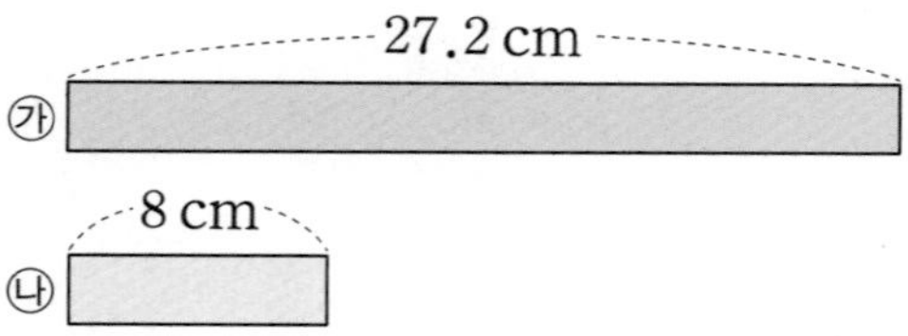


**02** 지안이가 2.4÷3을 계산하고 서윤이에게 계산하는 과정을 설명한 것입니다. 지안이가 한 말에서 □ 안에 알맞은 수는 무엇입니까?

> 서윤 : 나누어지는 수의 자연수 부분이 나누는 수보다 작은데 어떻게 계산해야 할까?
> 지안 : 나누어지는 수의 자연수 부분이 나누는 수보다 작을 때에는 몫의 일의 자리에 □을 쓰고 소수점을 찍은 후에 계산해야 해!

**03** 페인트 37.92 L를 사용하여 가로가 8 m, 세로가 2 m인 직사각형 모양의 벽을 칠했습니다. 1 $m^2$의 벽을 칠하는데 사용한 페인트의 양을 ㉠.㉡㉢ L라고 할 때, ㉠.㉡㉢×100의 값은 얼마입니까?

**04** 몫이 1보다 작은 나눗셈은 어느 것입니까?

① 5.4÷3　　② 24.8÷8　　③ 14.04÷9
④ 8.04÷12　　⑤ 56.7÷7

**05** 넓이가 29.1 $m^2$인 직사각형을 그림과 같이 똑같이 6등분으로 나누었습니다. 색칠한 도형의 넓이를 ㉮ $m^2$라고 할 때 ㉮×100은 얼마입니까?

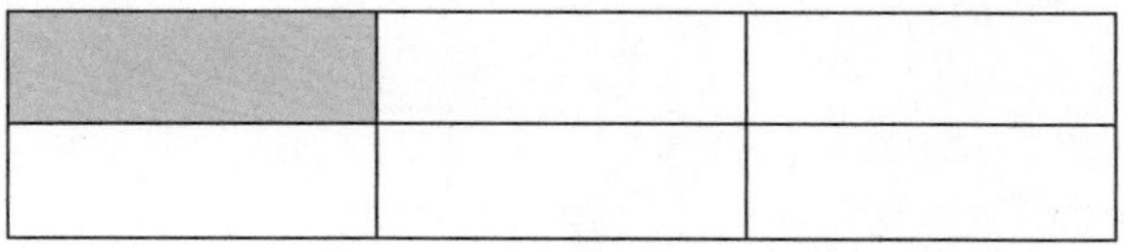

**06** 무게가 같은 사과 7개를 바구니에 담아 재어 보니 4.66 kg이었습니다. 바구니만의 무게는 1.3 kg이고, 사과 한 개의 무게를 ㉠.㉡㉢ kg이라고 할 때 ㉠.㉡㉢×100의 값은 얼마입니까?

**07** 오른쪽 평행사변형의 밑변이 13 cm일 때 높이는 ㉠.㉡㉢ cm입니다. 이때 ㉠.㉡㉢×100의 값은 얼마입니까?

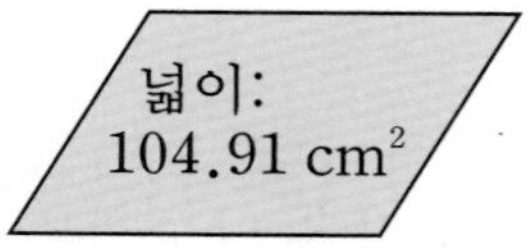


**08** ㉮에 알맞은 수를 ㉠.㉡이라고 할 때 ㉠.㉡×10은 얼마입니까?

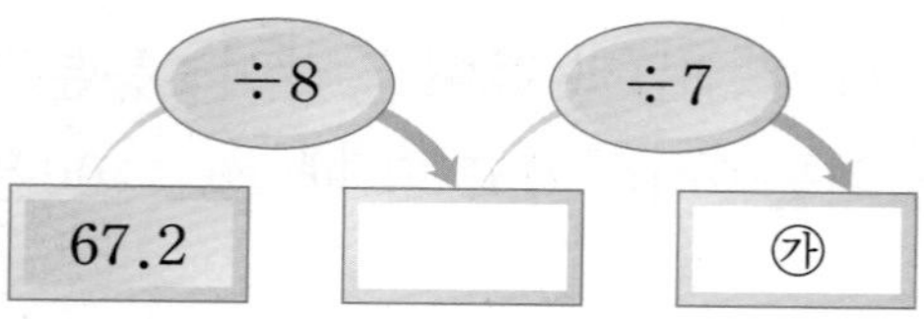


**09** 숫자 카드 4장 중 2장을 뽑아 몫이 가장 작은 나눗셈식을 만들려고 합니다. 가장 작은 몫을 ㉠.㉡㉢㉣이라고 할 때 ㉠+㉡+㉢+㉣의 값은 얼마입니까?

**10** 어떤 수에 8을 곱하고 3으로 나누었더니 1.8이 되었습니다. 어떤 수를 ㉠.㉡㉢㉣이라고 할 때 ㉠+㉡+㉢+㉣의 값은 얼마입니까?

교과서 응용 과정

**11** 오른쪽 삼각형에서 변 ㄴㄷ을 ㉠㉡.㉢ cm라 할 때 ㉠㉡.㉢×10의 값은 얼마입니까?

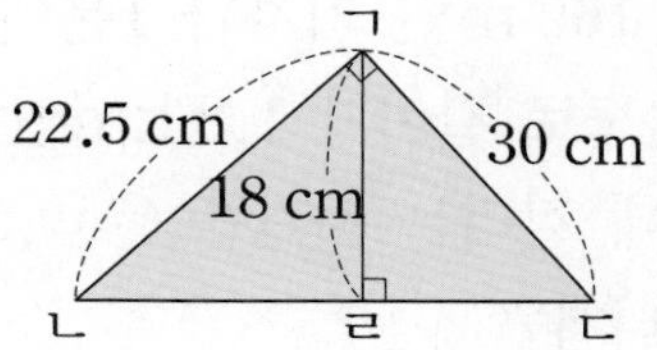


**12** 어떤 수를 9로 나누면 몫은 1.72입니다. 어떤 수를 6으로 나눈 몫을 ㉠.㉡㉢이라고 할 때 ㉠.㉡㉢×100의 값은 얼마입니까?

**13** 일정한 규칙에 따라 수가 변하고 있습니다. 규칙에 맞게 ㉮에 수를 써넣을 때 ㉮×100은 얼마입니까?

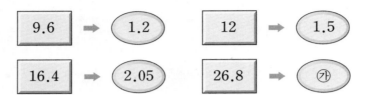

9.6 → 1.2　　12 → 1.5

16.4 → 2.05　　26.8 → ㉮

**14** 길이가 160 m인 기차가 1분에 80 m씩 달린다고 합니다. 이 기차가 같은 속도로 길이가 1.8 km인 철교를 통과하려고 합니다. 완전히 통과하는데 걸리는 시간을 ㉠㉡.㉢분이라고 할 때 ㉠㉡.㉢×10의 값은 얼마입니까?

**15** 숫자 카드 4, 5, 6, 8을 모두 사용하여 몫이 가장 큰 나눗셈이 되도록 다음 □ 안에 알맞은 숫자를 써넣으려고 합니다. 가장 큰 몫을 ㉠㉡.㉢㉣㉤이라고 할 때 ㉠+㉡+㉢+㉣+㉤의 값은 얼마입니까?

□)□□.□

**16** 수직선을 똑같은 간격으로 나누었을 때 ㉮에 알맞은 수를 구하려고 합니다. ㉮에 알맞은 수를 ㉠이라고 할 때 ㉠×100의 값은 얼마입니까?

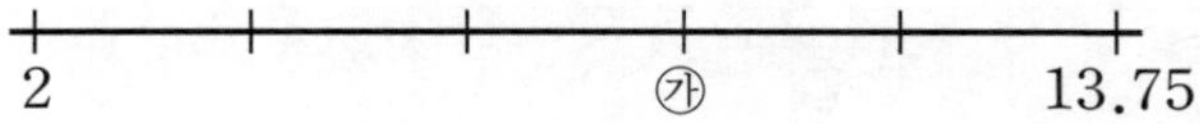


**17** 조건 을 모두 만족하는 ▲는 어떤 숫자인지 알아보려고 합니다. ▲가 될 수 있는 숫자를 모두 찾아 합을 구하면 얼마입니까?

조건
- ●와 ▲는 서로 다른 숫자입니다.
- 같은 모양은 같은 숫자를 나타냅니다.

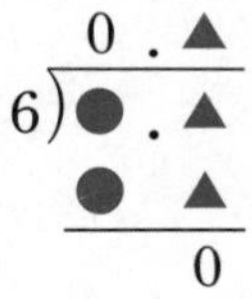

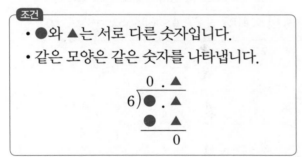

**18** 1 L의 휘발유로 15 km를 달리는 자동차가 있습니다. 휘발유 30 L를 채운 후 325.2 km를 달렸을 때 남은 휘발유의 양을 ㉠ L라 할 때 ㉠×100의 값은 얼마입니까?

**19** 세 개의 자동차 회사에서 적은 연료로도 먼 거리를 갈 수 있는 친환경 자동차를 내놓았습니다. 세 자동차 회사 중 같은 연료로 가장 먼 거리를 움직일 수 있는 자동차는 어느 것입니까?

| 자동차 | 연료의 양 | 갈 수 있는 거리 |
|---|---|---|
| ① 자동차 | 5 L | 113 km |
| ② 자동차 | 4 L | 95.2 km |
| ③ 자동차 | 3 L | 70.8 km |

**20** 자연수 ㉮, ㉯가 각각 다음 조건을 만족할 때, ㉮÷㉯의 가장 큰 몫을 ㉠이라고 합니다. ㉠×100의 값은 얼마입니까?

42 < ㉮ < 49.7　　27.4 < ㉯ < 32.5

교과서 심화 과정

**21** 오른쪽 나눗셈식에서 ㉠에 알맞은 숫자는 무엇입니까?

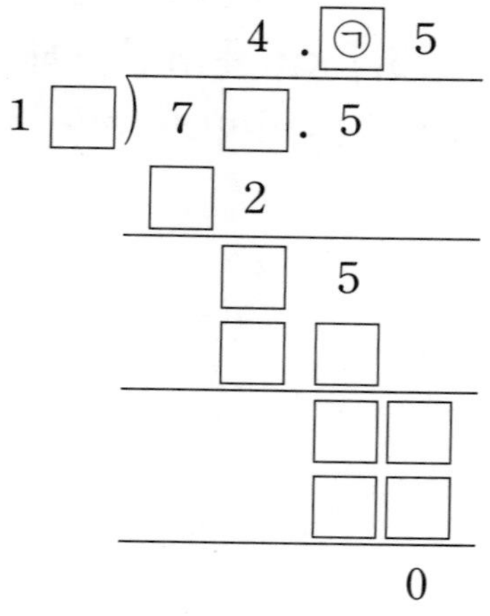

**22** 규나는 오전 10시에 자전거로 1시간에 8.8 km의 빠르기로 먼저 출발하였고, 세윤이는 오전 10시 45분에 같은 길을 자전거로 1시간에 12.8 km의 빠르기로 따라 갔습니다. 두 사람이 만나는 시각을 ㉠시 ㉡분이라고 할 때 ㉠+㉡의 값은 얼마입니까?

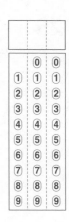

**23** 직사각형의 둘레의 길이는 18.4 cm입니다. 색칠한 부분의 넓이를 ■ $cm^2$라 할 때 ■$\times 100$의 값은 얼마입니까?

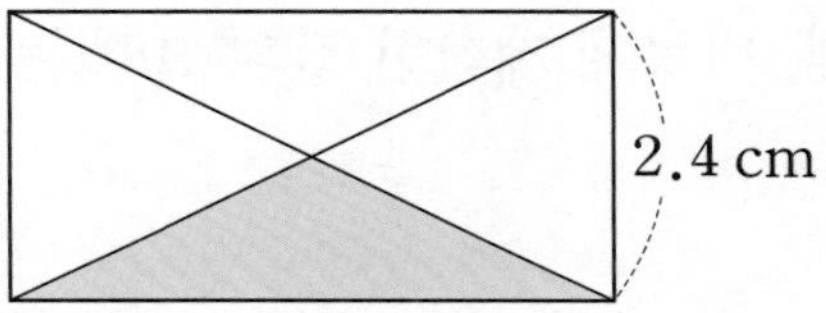


**24** 가영이와 유승이는 공원의 둘레를 같은 곳에서 서로 반대 방향으로 달렸습니다. 가영이는 한 시간에 12.6 km를 가는 빠르기로, 유승이는 한 시간에 14.4 km를 가는 빠르기로 달렸더니 36분 만에 만났습니다. 공원의 둘레를 ㉠ km라고 할 때, ㉠$\times 10$의 값은 얼마입니까?

**25** 다음 계산에서 몫이 가장 큰 순서대로 나열할 때 4번째로 큰 것은 어느 것입니까?

① $0.2516 \div 37$ ② $25.16 \div 37$ ③ $251.6 \div 37$
④ $25.16 \div 370$ ⑤ $2516 \div 37$ ⑥ $2.516 \div 3700$

창의 사고력 도전 문제

**26** 소수 5.6에 어떤 소수를 곱해야 하는 데 소수점의 위치를 착각하여 어떤 소수의 $\frac{1}{10}$인 소수를 곱했습니다. 바르게 계산한 값과 잘못 계산한 값의 차가 17.64일 때, 바르게 계산한 값의 10배는 얼마입니까?

**27** 어떤 트럭이 190 km 떨어진 공사장을 가는 데 처음 100 km를 가는 데는 한 시간에 40 km를 가는 빠르기로 달리고, 그 다음 90 km를 가는 데는 한 시간에 60 km를 가는 빠르기로 달렸습니다. 이 트럭이 190 km를 가는 데 한 시간에 □km씩 간 셈이라고 할 때, $\square \times 10$의 값은 얼마입니까?

**28** 오른쪽 그림에서 삼각형 ㄱㄴㄷ의 넓이는 40.9 $cm^2$, 삼각형 ㄹㅁㅂ의 넓이는 27 $cm^2$ 입니다. 전체 도형의 넓이가 61.5 $cm^2$일 때 ㉠의 길이는 ●.▲ cm입니다. 이때 ㉠×10의 값은 얼마입니까?

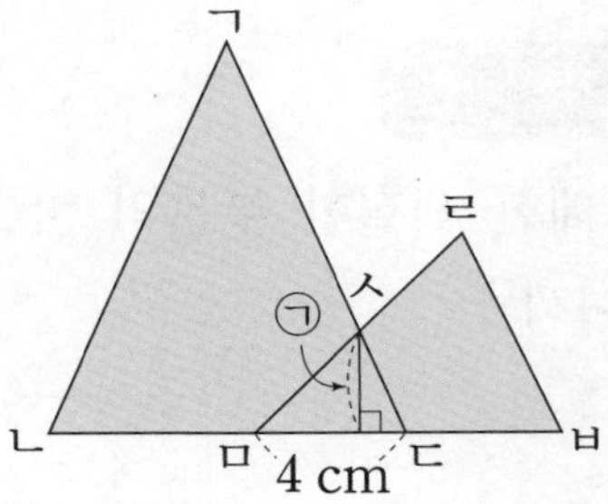


**29** 어떤 문제의 답을 쓰는데 잘못하여 소수점을 오른쪽으로 두 칸 옮겨 찍었더니 바른 답과의 차가 1336.5가 되었습니다. 바른 답을 ㉠이라고 할 때 ㉠×10의 값은 얼마입니까?

**30** 1분 동안 종이학을 지혜는 4개, 한초는 2개 만들 수 있습니다. 또, 1분 동안 종이배를 지혜는 8개, 한초는 4개 만들 수 있습니다. 두 사람이 함께 20분 동안 종이학과 종이배를 만들었는데 처음 몇 분 동안은 종이학을 같이 만들고, 나중 몇 분 동안은 종이배를 같이 만들었습니다. 종이학과 종이배를 합하여 모두 159개를 만들었다면 종이학은 종이배보다 몇 개 더 많습니까?

교과서 기본 과정

**01** 전체에 대한 색칠한 부분의 비를 ㉠ : ㉡이라고 할 때 ㉠+㉡의 값은 얼마입니까?

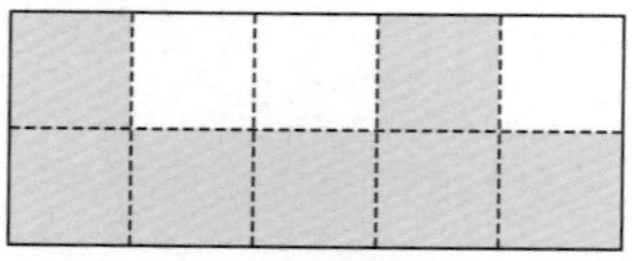

**02** 비교하는 양을 나타내는 수가 나머지와 다른 것은 어느 것입니까?

① 7 : 13
② 7 대 20
③ 15에 대한 7의 비
④ 7과 25의 비
⑤ 23의 7에 대한 비

**03** 8의 20에 대한 비를 비율로 나타내면 ㉠입니다. ㉠×10의 값은 얼마입니까?

**04** 다음 중 비율이 <u>다른</u> 것은 어느 것입니까?

① 15에 대한 7의 비　　② 7 : 15
③ 15와 7의 비　　④ 7 대 15
⑤ 7의 15에 대한 비

**05** 다음 중 비율이 가장 큰 것은 어느 것입니까?

① 5 : 3　　② 4 : 10　　③ 8 : 12
④ 5 : 25　　⑤ 12 : 5

**06** 가영이네 반에는 남학생이 11명, 여학생이 9명 있습니다. 가영이네 반 전체 학생 수에 대한 남학생 수의 비율을 ㉠이라고 할 때 ㉠×100의 값은 얼마입니까?

**07** 문영이의 수학경시대회 점수는 88점이고, 태호의 수학경시대회 점수는 76점입니다. 문영이의 점수에 대한 태호의 점수의 비율을 기약분수로 나타내면 $\frac{㉡}{㉠}$입니다. ㉠+㉡의 값은 얼마입니까?

**08** 소연이네 가게에서 개업 1주년을 맞이하여 8000원짜리 물건을 5200원에 판매한다고 합니다. 이 물건은 몇 % 할인된 가격으로 판매되고 있습니까?

**09** 밑변이 20 cm이고, 넓이가 150 $cm^2$인 삼각형이 있습니다. 이 삼각형의 밑변에 대한 높이의 비율을 백분율로 나타내면 몇 %입니까?

**10** 어느 학교 신문의 일부가 지워지거나 찢어져 보이지 않습니다. 신문 기사에서 농구를 좋아하는 학생은 몇 명입니까?

> 00초등학교 신문      2023년 5월
>
> 다양한 운동을 즐기자!
>
> 지난 5월 1일부터 4일까지 우리 학교 학생 ___명을 대상으로 제일 좋아하는 운동을 조사했습니다. 그 결과 축구 105명(35%), 배드민턴 ___, 농구 ___(10%), 야구 45명(15%)이 좋아하고 나머지는 줄넘기, 수영 등을 좋아하는 것으로 나타났습니다.

교과서 응용 과정

**11** 어느 야구 선수의 타율은 0.25입니다. 이 선수가 284타수일 때, 안타는 몇 개를 친 것입니까?

**12** 작년에 1500명인 마을의 인구가 올해 15 %가 늘어났는데 잘못하여 15 %가 줄어든 것으로 조사하였습니다. 바른 인구 수에 대한 잘못된 인구 수의 비율을 기약분수로 나타내면 $\frac{㉡}{㉠}$입니다. ㉠+㉡의 값은 얼마입니까?

**13** 지난 주 기태의 용돈은 20000원이었습니다. 이번 주는 하루에 3500원씩 용돈을 받았습니다. 기태의 용돈은 지난 주에 비해 이번 주에 ㉠ %가 올랐다면 ㉠×10의 값은 얼마입니까?

**14** A 가게에는 800원짜리 컵라면 10개를 사면 1개를 더 주고, B 가게에서는 800원짜리 컵라면을 15 % 할인하여 판다고 합니다. 찬우가 컵라면 11개가 필요할 때, B 가게에서 사는 것이 A 가게에서 사는 것보다 얼마나 더 유리합니까?

**15** 다음은 두 저축 통장의 이자를 나타낸 표입니다. 세윤이가 70만 원을 예금하려면 어느 통장에 저금하는 것이 더 유리합니까?

| 통장 | 예금액(원) | 기간(개월) | 이자(원) |
|---|---|---|---|
| ① | 50만 원 | 1 | 3250 |
| ② | 80만 원 | 1 | 5760 |

**16** 우유 200 mL에는 탄수화물이 9 g 들어 있고, 이 양은 하루에 섭취해야 할 탄수화물의 양의 3 %입니다. 하루에 섭취해야 하는 탄수화물은 몇 g입니까?

**17** 오른쪽 직사각형의 가로를 25 % 줄이고 세로를 25 % 늘인다면, 넓이는 몇 $cm^2$가 되겠습니까?

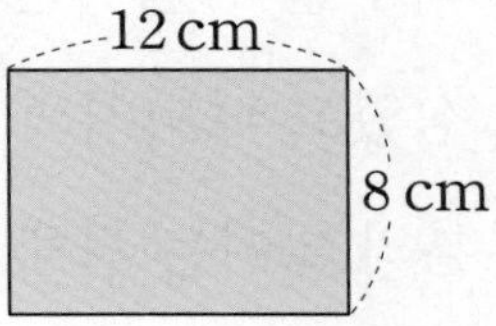


**18** ㉮에 대한 ㉯의 비율이 $1\frac{2}{3}$이고, ㉯에 대한 ㉰의 비율이 3일 때 ㉰에 대한 ㉮의 비율은 $\frac{㉡}{㉠}$입니다. ㉠+㉡의 최솟값은 얼마입니까?

**19** 유승이네 학교 학생 500명을 대상으로 인터넷 이용 실태를 조사하였습니다. 지난달에는 전체 학생의 54 %가 하루에 3시간 이상 이용하였고 이번 달에는 하루에 3시간 이상 이용한 학생 수가 지난달에 비해 20 % 증가했다고 합니다. 이번 달에 하루에 3시간 이상 이용한 학생은 모두 몇 명입니까?

**20** 영수네 과수원의 넓이는 1200 $m^2$입니다. 이 과수원의 75 %에 사과나무를 심었고 나머지의 $\frac{3}{5}$에는 배나무를 심었습니다. 아무것도 심지 않은 부분의 넓이는 전체 과수원 넓이의 몇 %입니까?

교과서 심화 과정

**21** 상자 속에 빨간 공, 파란 공, 노란 공이 들어 있습니다. 전체 공의 수에 대한 빨간 공의 수의 비율은 $\frac{2}{5}$이고, 전체 공의 수에 대한 파란 공의 수의 비율은 $\frac{1}{3}$입니다. 상자 속에 들어 있는 노란 공이 60개라면 상자 속에 들어 있는 빨간 공은 몇 개입니까?

**22** 떨어진 높이의 35 %만큼 튀어오르는 공이 있습니다. 이 공을 4 m 높이에서 떨어뜨렸을 때, 세 번째로 땅에 닿을 때까지 공이 움직인 거리를 ㉠ m라 하면 ㉠×100의 값은 얼마입니까?

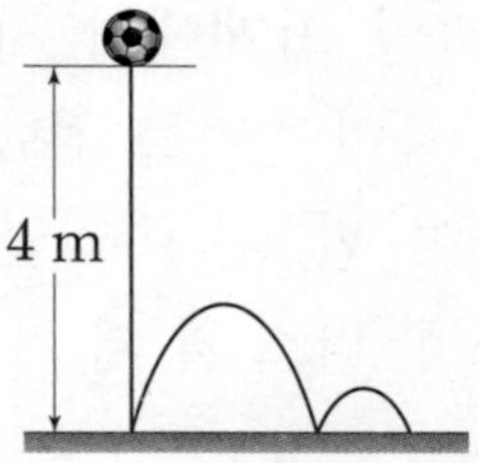


**23** 마을 체육 대회에서 마을 학생들이 달리기와 씨름에 참가하였습니다. 달리기에 참가한 학생은 전체 학생 수의 $\frac{3}{5}$이고, 그중에서 씨름까지 참가한 학생은 25 %입니다. 달리기만 참가한 학생이 63명일 때, 마을 학생은 모두 몇 명입니까?

**24** 두 물통 ㉮와 ㉯에 물이 5 : 3의 비로 들어 있습니다. ㉮ 물통에서 400 mL의 물을 떠서 ㉯ 물통에 부었더니 물의 비가 5 : 11이 되었습니다. 처음 ㉮ 물통에 들어 있던 물의 양은 몇 mL입니까?

**25** 어느 과일 가게에서 사과 한 박스를 40000원에 사 와서 35 %의 이익을 붙여 정가를 정했습니다. 사과가 하나도 팔리지 않아서 10 %를 할인하여 판 후 이익금의 10 %를 이웃에 기부하기로 하였습니다. 사과를 한 박스 팔 때 기부하는 금액은 얼마입니까?

창의 사고력 도전 문제

**26** 두 직사각형 ㉮, ㉯가 있습니다. ㉮는 가로와 세로의 비가 5 : 2이고, ㉯는 가로와 세로의 비가 8 : 5입니다. ㉮, ㉯의 넓이가 같을 때, ㉮의 둘레와 ㉯의 둘레의 비를 가장 간단한 자연수의 비로 나타내면 ■ : ▲입니다. 이때 ■+▲의 값은 얼마입니까?

**27** 오른쪽 그림은 정사각형의 가운데 점을 이어 그린 것입니다. 색칠한 정사각형의 넓이는 가장 큰 정사각형의 넓이의 ㉠ %입니다. ㉠×10의 값은 얼마입니까?

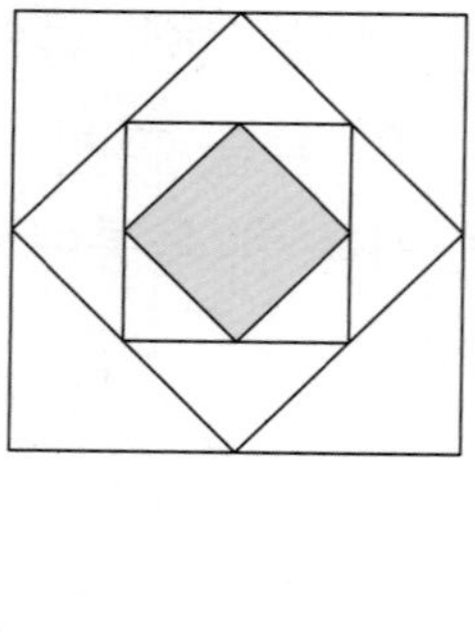

**28** 바다 위의 한 배가 해안의 절벽을 향해 가면서 고동을 울렸습니다. 배 위에 있던 사람이 해안의 절벽으로부터 반사해 온 고동 소리를 7.2초 후에 들었습니다. 고동 소리를 들은 곳은 해안의 절벽에서 ㉠ km 떨어진 지점이라면 ㉠을 반올림하여 소수 첫째 자리까지 구한 값의 10배는 얼마입니까? (단, 배는 1시간에 36 km, 소리는 1초에 340 m를 가는 빠르기입니다.)

**29** 가, 나 두 개의 그릇이 있습니다. 가 그릇에는 15 %의 소금물 200 g, 나 그릇에는 8 %의 소금물 200 g이 들어 있습니다. 가 그릇에는 1분에 5 g씩의 물을, 나 그릇에는 1분에 20 %의 소금물 5 g씩을 동시에 넣기 시작하였습니다. 가, 나 그릇에 있는 소금물의 농도가 같아지게 되는 것은 몇 분 후입니까?

**30** 오른쪽 그림은 가 역에서 나 역까지 완행열차와 고속열차가 달린 시간과 거리의 관계를 나타낸 그래프입니다. 고속열차는 완행열차보다 15분 뒤에 가 역을 출발하여 도중에 완행열차를 앞서서 완행열차보다 15분 먼저 나 역에 도착하였습니다. 완행열차는 도중에 몇 분 동안 정차하였습니까? (단, 완행열차와 고속열차는 각각 일정한 빠르기로 달립니다.)

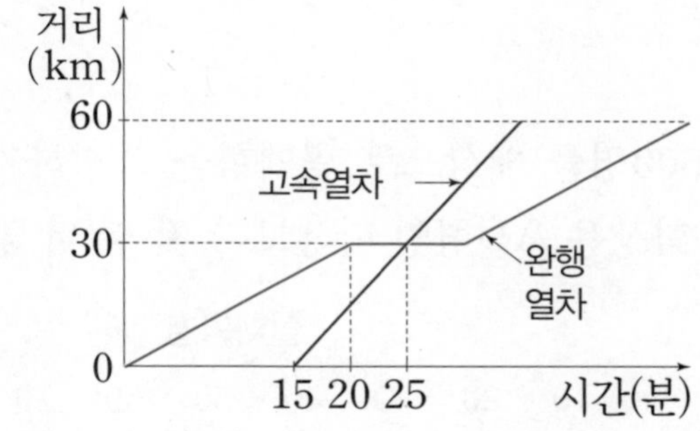

교과서 기본 과정

**01** 가영이네 반 학급 문고를 종류별로 조사하여 나타낸 띠그래프입니다. 바르게 말한 것은 어느 것입니까?

종류별 학급 문고 수

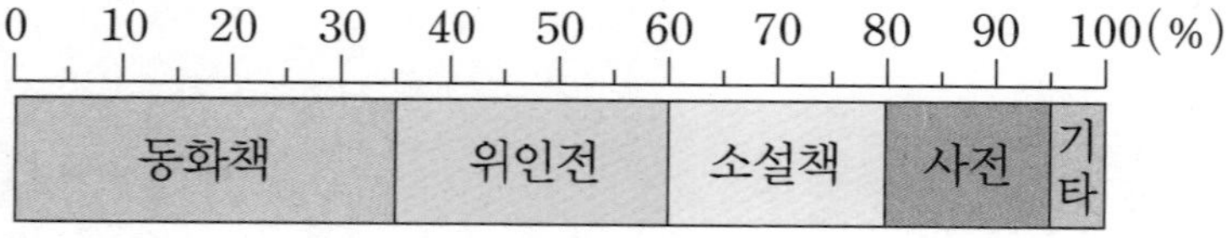


① 기타 학급 문고는 만화책이 많습니다.
② 동화책은 사전의 3배입니다.
③ 위인전은 소설책의 2배입니다.
④ 소설책은 학급 문고의 20 %입니다.
⑤ 가영이네 반의 학급 문고는 다른 반보다 많습니다.

**02** 예슬이네 마을 학생 40명이 좋아하는 음식을 조사하여 나타낸 띠그래프입니다. 불고기를 좋아하는 학생은 몇 명입니까?

좋아하는 음식별 학생 수

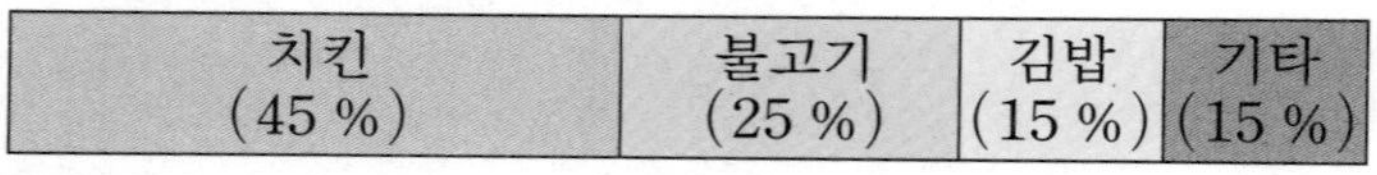


**03** 학생 1500명을 대상으로 혈액형을 조사하여 나타낸 띠그래프입니다. A형인 학생은 AB형인 학생보다 몇 명 더 많습니까?

혈액형별 학생 수

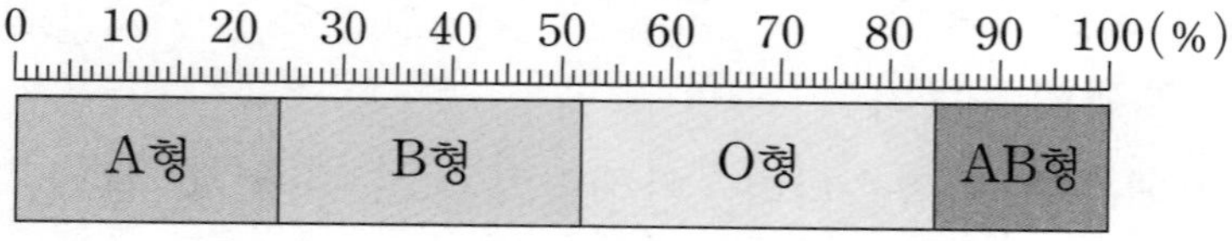

**04** 다음 표는 어느 마을의 토지 이용률을 조사하여 나타낸 것입니다. 길이가 50 cm인 띠그래프로 나타내면 밭이 차지하는 부분의 길이는 몇 cm입니까?

어느 마을의 토지

| 종류 | 밭 | 논 | 산림 | 기타 |
| --- | --- | --- | --- | --- |
| 넓이($m^2$) | 4200 | 3600 | 4800 | 2400 |

**05** 학생들이 가장 좋아하는 과목을 조사하여 나타낸 표입니다. 음악을 좋아하는 학생 수가 국어를 좋아하는 학생 수의 2배라면 길이가 30 cm인 띠그래프에서 국어가 차지하는 길이는 ㉠.㉡ cm입니다. 이때 ㉠.㉡$\times$10의 값은 얼마입니까?

좋아하는 과목별 학생 수

| 과목 | 국어 | 수학 | 체육 | 음악 | 합계 |
| --- | --- | --- | --- | --- | --- |
| 학생 수(명) | | 56 | 98 | | 280 |

**06** 학생들이 한 달 동안 읽은 책의 권수를 조사하여 나타낸 표입니다. 이 자료를 이용하여 띠그래프로 나타내려고 합니다. ㉮에 알맞은 수는 얼마입니까?

한 달 동안 읽은 책

| 읽은 책의 권수(권) | 1~3 | 4~6 | 7~9 | 10 이상 | 합계 |
| --- | --- | --- | --- | --- | --- |
| 학생 수(명) | 160 | | 60 | | 400 |
| 백분율(%) | | 30 | | ㉮ | 100 |

**07** 오른쪽은 가영이네 반 학급 문고의 종류별 책의 수를 조사하여 나타낸 원그래프입니다. 학급 문고가 240권이라면 역사책은 몇 권입니까?

종류별 책의 수

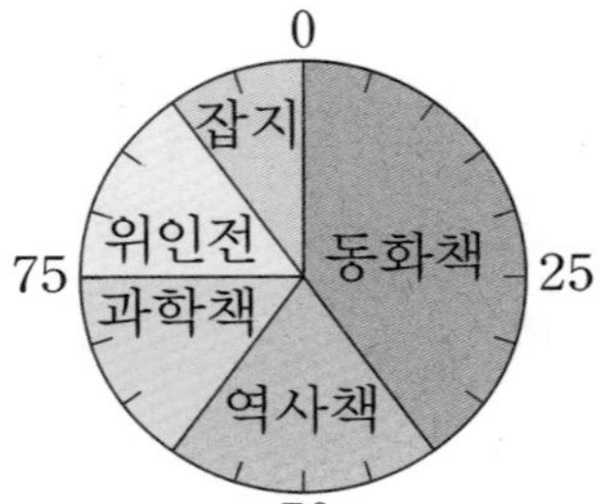

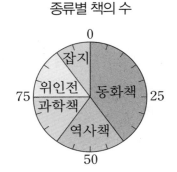

**08** 두 사람의 대화 내용을 표로 나타낼 때 ㉮는 얼마입니까?

> 란주 : 우리 반 학생들이 좋아하는 음식을 조사한 결과를 말해 줘.
> 솔민 : 피자 6명, 햄버거 5명, 자장면 4명, 치킨 3명, 김밥 1명, 떡볶이 1명이야.
> 란주 : 우리 반 학생들이 좋아하는 음식을 원그래프로 그리고 싶은데 어떻게 해야하지?
> 솔민 : 표를 만들고 백분율을 구해 보자.

좋아하는 음식별 학생 수

| 음식 | 피자 | 햄버거 | 자장면 | 치킨 | 기타 | 합계 |
|---|---|---|---|---|---|---|
| 백분율(%) | | | | | ㉮ | |

**09** 오른쪽 원그래프는 어느 마을의 가축 수를 조사하여 나타낸 것입니다. 소와 돼지의 합이 780마리일 때, 개는 몇 마리입니까?

어느 마을의 가축 수

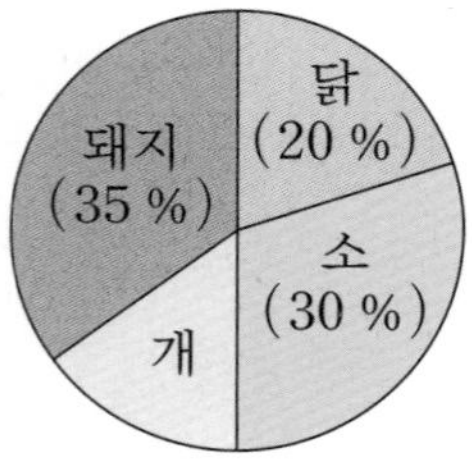

**10** 오른쪽 원그래프는 용희네 마을 학생들이 좋아하는 과일을 조사하여 나타낸 것입니다. 사과를 좋아하는 학생은 몇 명입니까?

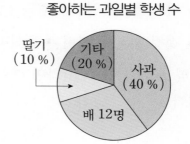

좋아하는 과일별 학생 수

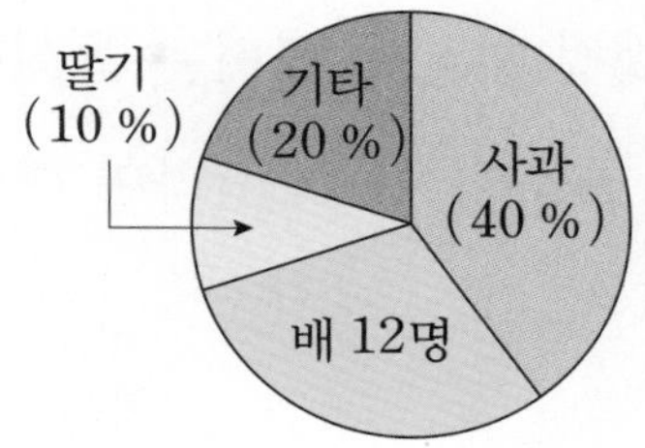


교과서 응용 과정

**11** 다음 띠그래프는 가영이네 학교 6학년 학생들이 가장 좋아하는 운동 경기를 조사하여 나타낸 것입니다. 축구를 좋아하는 학생은 몇 명입니까?

좋아하는 운동 경기별 학생 수

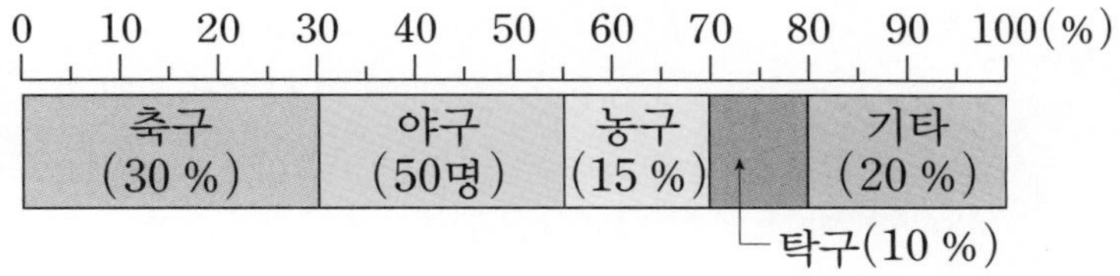

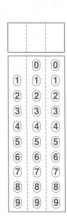


**12** 다음 띠그래프는 각 마을별 학생 수의 비율을 조사하여 나타낸 것입니다. ㉮ 마을의 학생이 325명일 때, ㉯ 마을의 학생은 몇 명입니까?

마을별 학생 수

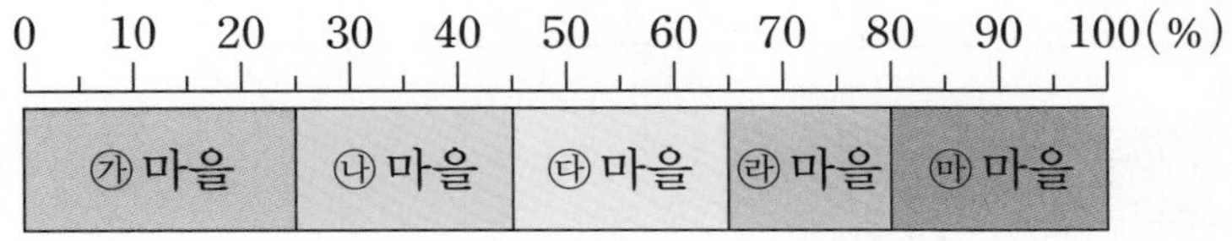

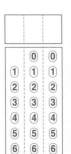

**13** 다음 띠그래프는 영수네 집의 한 달 생활비의 지출 비율을 조사하여 나타낸 것입니다. 주거비는 음식비의 40 %, 교육비는 주거비의 $\frac{7}{8}$입니다. 띠그래프가 10 cm라면 광열비와 잡비가 차지하는 길이는 몇 cm입니까?

영수네 집의 한 달 생활비

**14** 길이가 50 cm인 띠그래프에서 ㉮는 ㉯보다 4 cm 길고 ㉯는 ㉰보다 2 cm 깁니다. ㉮는 전체의 몇 %입니까?

**15** 학생들이 좋아하는 색깔을 조사하여 원그래프를 그리려고 합니다. 다음 중 옳지 <u>않은</u> 것은 어느 것입니까?

좋아하는 색깔별 학생 수

| 색깔 | 초록색 | 노란색 | 파란색 | 흰색 | 기타 | 합계 |
|---|---|---|---|---|---|---|
| 학생 수(명) | 120 | | 90 | | | 400 |
| 백분율(%) | | 25 | | 15 | | 100 |

① 노란색을 좋아하는 학생은 100명입니다.
② 파란색을 좋아하는 학생의 비율은 20 %입니다.
③ 가장 많은 학생들이 좋아하는 색깔의 비율은 30 %입니다.
④ 기타에 해당하는 학생 수는 30명입니다.
⑤ 흰색을 좋아하는 학생 수는 60명입니다.

**16** 다음은 웅이네 집의 한 달 생활비를 조사하여 나타낸 원그래프입니다. 웅이네 집의 한 달 생활비를 □만 원이라고 할 때 □ 안에 알맞은 수는 얼마입니까?

한 달 생활비

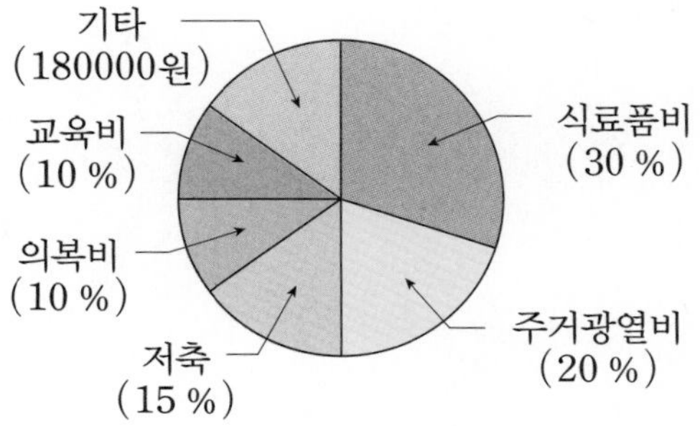

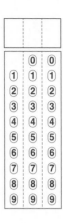


**17** 다음은 학생 1200명이 태어난 계절을 조사하여 나타낸 것입니다. 봄과 여름에 태어난 학생 수의 비가 5 : 3이라면 봄에 태어난 학생은 몇 명입니까?

태어난 계절

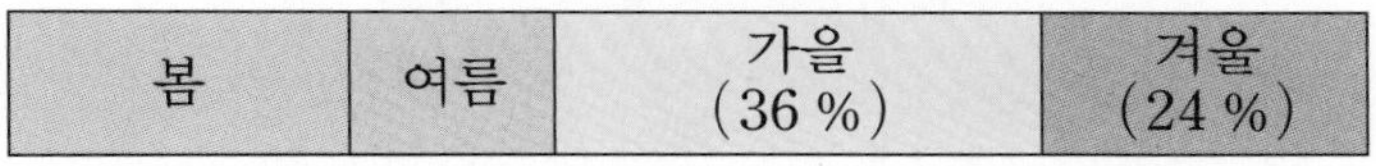


**18** 오른쪽 그림은 학생 180명이 가장 좋아하는 운동 경기를 조사하여 나타낸 원그래프입니다. 농구와 탁구를 가장 좋아하는 학생 수의 비가 5 : 3일 때, 농구를 가장 좋아하는 학생은 몇 명입니까?

좋아하는 운동 경기

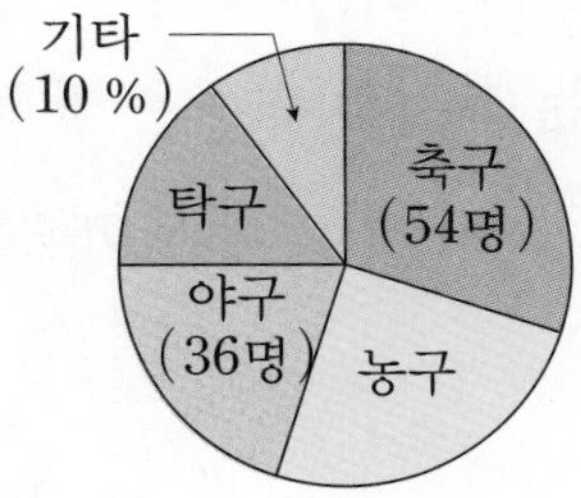

**19** 다음은 전체 길이가 20 cm인 띠그래프입니다. 총 수량이 1000일 때, B 부분의 수량은 얼마입니까?

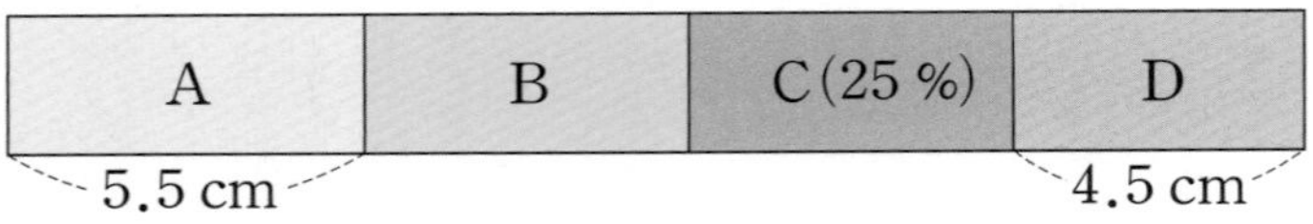


**20** 단후네 반 학급 문고에 있는 책 48권의 종류를 조사하여 나타낸 띠그래프입니다. 학급 문고에 위인전 3권, 과학책 9권이 더 들어왔다면 과학책은 몇 %가 됩니까?

종류별 책의 수

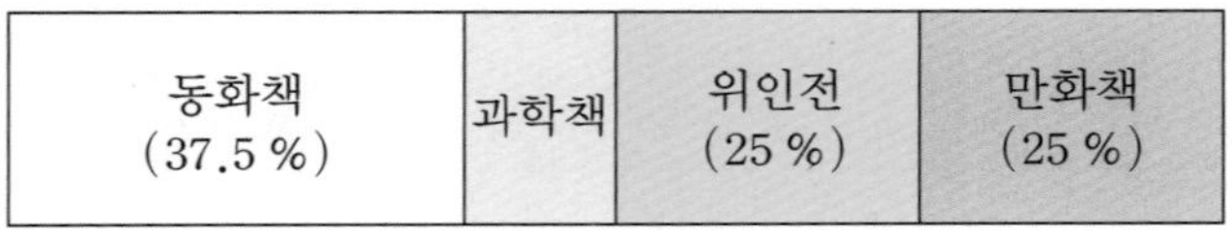


교과서 심화 과정

**21** 어느 도시의 토지 이용률과 주거지 면적 비율을 조사하여 나타낸 그래프입니다. 이 도시의 전체 토지 면적이 8000 km$^2$일 때, 아파트가 차지하는 토지의 면적은 몇 km$^2$입니까?

토지 이용률

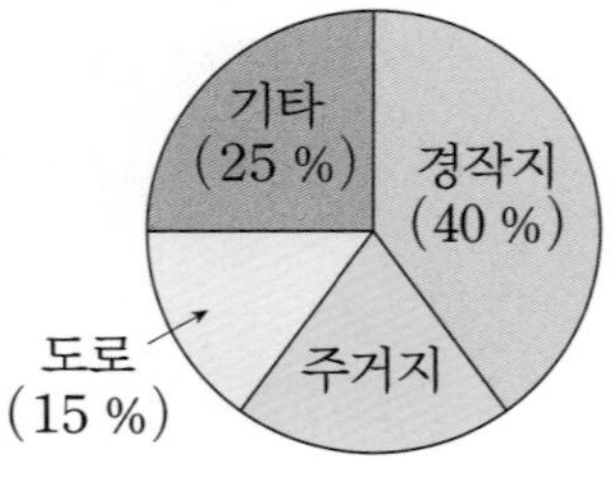


주거지 면적의 비율

**22** 규형이네 학교 학생 1000명을 대상으로 어린이 회장 선거를 실시하였습니다. 두 그래프는 투표 참여 여부와 후보자별 득표율을 조사하여 나타낸 것입니다. 득표율이 가장 높은 사람이 어린이 회장에 당선된다고 할 때, 어린이 회장에 당선된 사람은 몇 표를 얻었습니까?

투표 참여 여부

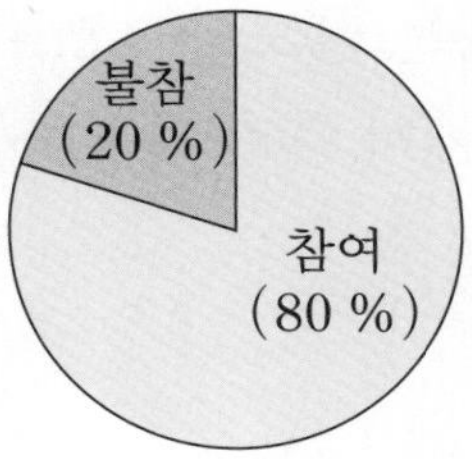


후보자별 득표율

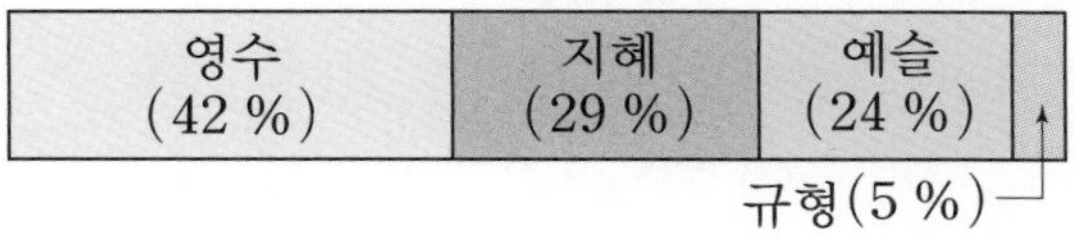

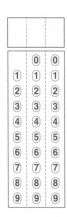


**23** 야구, 축구, 배구, 농구 네 종목의 운동 경기를 좋아하는 학생을 조사하였습니다. 야구를 좋아하는 학생은 축구를 좋아하는 학생의 2배, 야구를 좋아하는 학생은 배구를 좋아하는 학생의 $1\frac{1}{3}$배, 농구를 좋아하는 학생은 야구를 좋아하는 학생의 $1\frac{1}{2}$배입니다. 야구, 축구, 배구, 농구를 좋아하는 학생을 전체 길이가 45 cm인 띠그래프에 나타내면 농구를 좋아하는 학생은 몇 cm입니까?

**24** 어느 수목원의 종류별 나무 수를 조사하여 길이가 15 cm인 띠그래프에 나타내었습니다. 소나무와 은행나무의 비가 3 : 2, 은행나무와 느티나무의 비가 2 : 1, 기타는 전체의 $\frac{1}{5}$이라고 합니다. 은행나무는 몇 cm로 나타내어지겠습니까?

**25** 전체의 길이가 20 cm인 띠그래프에 ㉮, ㉯, ㉰ 세 부분을 나타내었더니 ㉮는 ㉯보다 3 cm 길고, ㉯는 ㉰보다 2 cm 짧았습니다. 이 띠그래프에서 ㉰가 차지하는 길이는 전체의 몇 %입니까?

창의 사고력 도전 문제

**26** 오른쪽은 학생들의 통학 방법을 조사하여 나타낸 원그래프입니다. 자전거로 통학하는 학생은 전철로 통학하는 학생보다 11명 적고, 도보로 통학하는 학생은 자전거로 통학하는 학생의 3배이며, 버스로 통학 하는 학생은 64명입니다. 조사한 학생은 모두 몇 명입니까?

학생들의 통학 방법

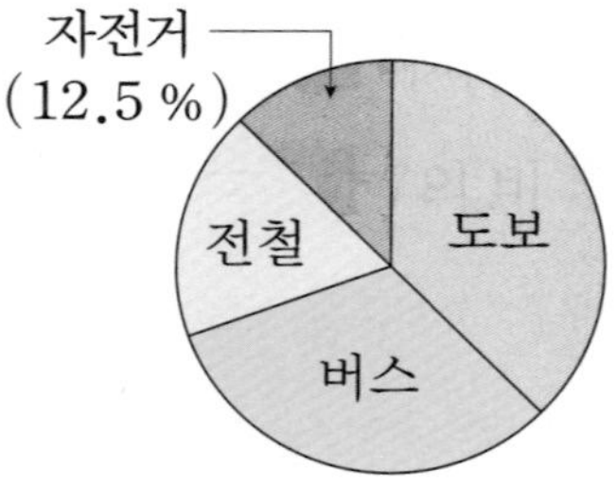

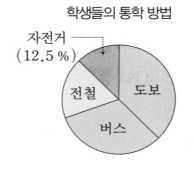

**27** 어느 가게에 ㉮, ㉯, ㉰, ㉱ 4종류의 과자가 있는데 한 개의 값은 각각 600원, 900원, 1350원, 1800원입니다. 이 가게에서 오늘 판 과자 개수의 비율은 표와 같고 ㉯는 15개를 팔았습니다. 판매액의 비율을 원그래프로 나타낸다면 ㉮가 차지하는 부분은 전체의 몇 %이겠습니까?

| 종류 | ㉮ | ㉯ | ㉰ | ㉱ |
|---|---|---|---|---|
| 백분율(%) | 40 | 30 | 20 | 10 |

**28** 다음은 어느 지역의 두 초등학교 6학년 학생들의 남녀 비율을 나타낸 원그래프입니다. 가 초등학교와 나 초등학교의 6학년 학생 수의 비는 4 : 3이고, 두 원그래프를 길이가 30 cm인 띠그래프 한 개로 나타내려고 합니다. 이때 여학생 수는 띠그래프에서 몇 cm로 나타낼 수 있습니까?

가 초등학교 6학년 남녀 비율　나 초등학교 6학년 남녀 비율

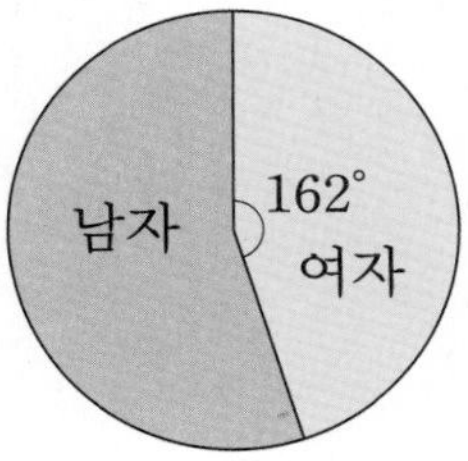


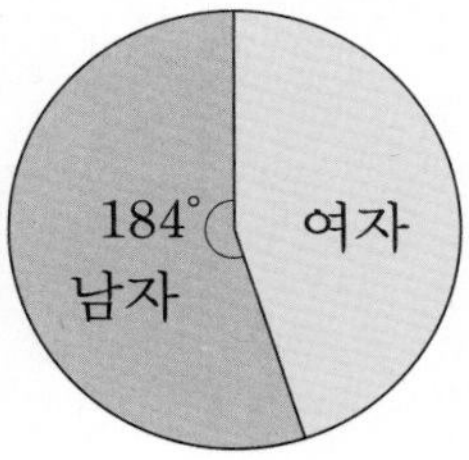


**29** 다음 조건을 보고 전체 길이가 48 cm인 띠그래프에 나타낼 때, A가 차지하는 부분의 길이는 몇 cm입니까?

- A는 B의 $\frac{1}{2}$배입니다.
- B는 C의 $\frac{6}{7}$배입니다.
- C는 D의 $\frac{7}{8}$배입니다.

**30** 영진이는 밥, 당근, 참치, 단무지, 계란의 무게 비율을 오른쪽 원그래프와 같이 넣어서 직접 김밥을 만들어 보았습니다. 당근은 180 g, 밥은 720 g, 계란은 단무지의 3.5배만큼 사용하여 만들었다면, 계란의 무게는 몇 g입니까?

재료별 무게

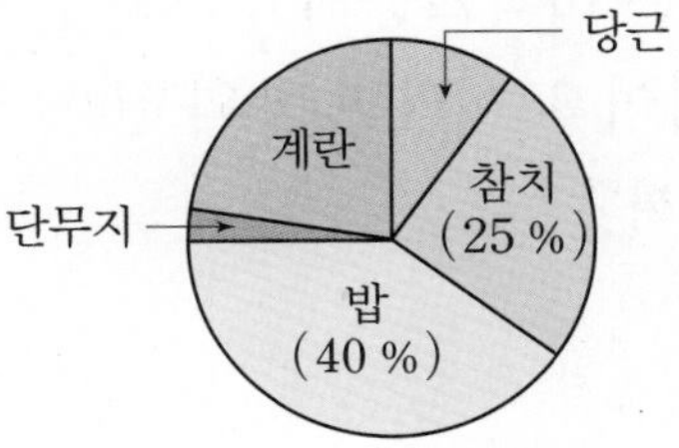

# KMA 실전 모의고사 1회

교과서 기본 과정

**01** □ 안에 알맞은 수는 얼마입니까?

$$\frac{9}{11} \div 4 \div 3 = \frac{3}{\square}$$

**02** □ 안에 들어갈 수 있는 가장 작은 자연수는 얼마입니까?

$$5\frac{1}{7} \div 4 < \square$$

**03** 오른쪽은 사각기둥의 전개도입니다. 평행한 두 면의 수의 합이 36이라면 ㉮와 ㉯에 알맞은 수의 합은 얼마입니까?

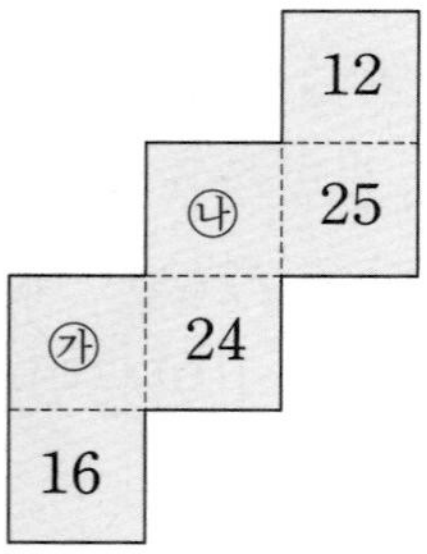

**04** 다음은 각기둥과 이 각기둥의 전개도입니다. □ 안에 알맞은 수를 써 넣을 때 ㉠+㉡+㉢의 값은 얼마입니까?

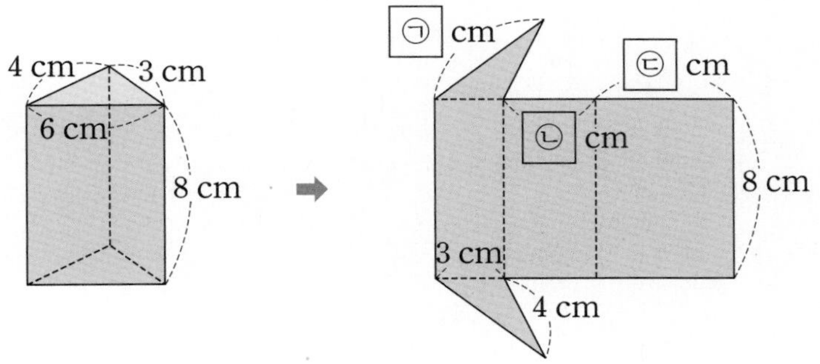

**05** 다음에서 가장 큰 수를 가장 작은 수로 나누었을 때의 몫을 ㉠이라고 하면 ㉠×100의 값은 얼마입니까?

| | | | | |
|---|---|---|---|---|
| 8.2 | 5 | 7.9 | 9.2 | 6.4 |

**06** 넓이가 43.56 $m^2$인 직사각형 모양의 땅이 있습니다. 이 땅의 가로가 6 m일 때, 세로의 길이는 ㉠ m입니다. 이때 ㉠×100의 값은 얼마입니까?

**07** 다음 중 8에 대한 7의 비율이 <u>아닌</u> 것은 어느 것입니까?

① $\frac{7}{8}$　　② 87.5 %　　③ $1\frac{1}{7}$

④ 0.875　　⑤ $\frac{28}{32}$

**08** 모둠별로 물에 포도원액을 넣어 포도 주스를 만들었습니다. 가장 진한 포도 주스를 만든 모둠은 어느 것입니까?

| | 모둠 | 넣은 포도원액의 양(mL) | 포도 주스 양(mL) |
|---|---|---|---|
| ① | 1모둠 | 8 | 100 |
| ② | 2모둠 | 14 | 200 |
| ③ | 3모둠 | 18 | 300 |
| ④ | 4모둠 | 24 | 480 |
| ⑤ | 5모둠 | 35 | 500 |

**09** 유승이네 집의 한 달 생활비를 조사하여 나타낸 띠그래프입니다. 유승이네 집의 한 달 생활비가 160만 원이라면 문화비는 □만 원입니다. □ 안에 알맞은 수는 얼마입니까?

한 달 생활비

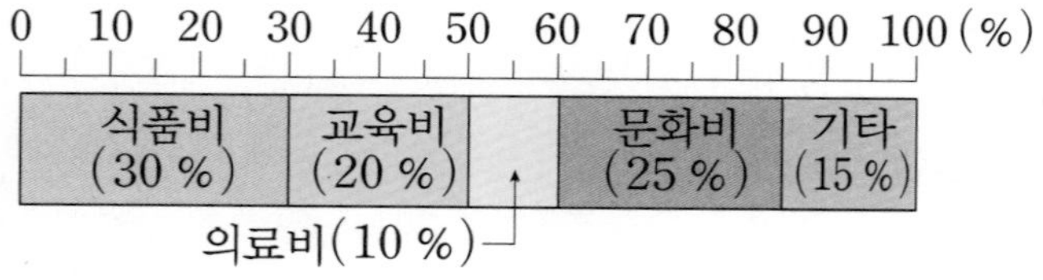

**10** 오른쪽 원그래프를 길이가 15 cm인 띠그래프로 나타내려고 합니다. 수학이 차지하는 길이를 ㉠ cm라 할 때, ㉠×10의 값은 얼마입니까?

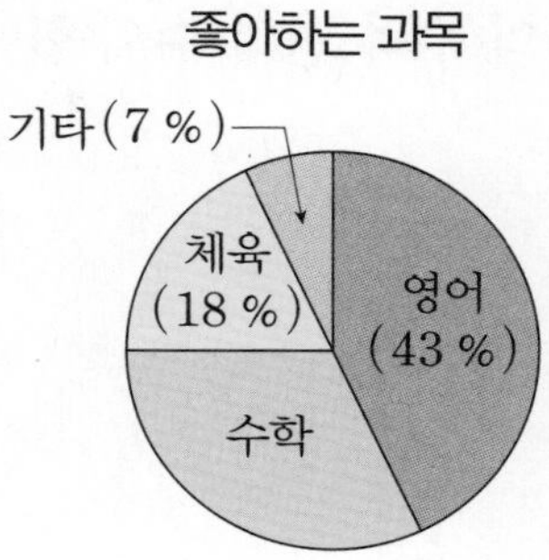


교과서 응용 과정

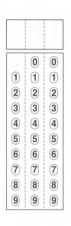

**11** 길이가 같은 두 개의 철사를 이용하여 정사각형과 정육각형을 각각 한 개씩 만들었습니다. 정사각형의 한 변의 길이가 $1\frac{4}{5}$ cm라면, 정육각형의 한 변의 길이는 ㉮$\frac{㉰}{㉯}$ cm입니다. 이때 ㉮+㉯+㉰의 최솟값은 얼마입니까?

**12** 두 물건 ㉮와 ㉯가 있습니다. ㉮ 6개의 무게는 $1\frac{4}{5}$ kg이고, ㉯ 7개의 무게는 $1\frac{3}{4}$ kg입니다. ㉮ 11개의 무게는 ㉯ 5개의 무게보다 □kg 더 무겁다고 할 때, □×20을 구하시오.

**13** 꼭짓점의 수와 면의 수의 합이 35개인 각기둥의 모서리의 수를 구하시오.

**14** 오른쪽 사각뿔의 모서리의 수와 면의 수의 합은 13개입니다. 모서리의 수와 면의 수의 합이 61개인 것은 몇 각뿔입니까?

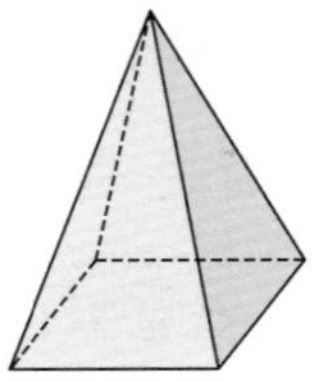

**15** 길이가 20.28 cm인 양초가 있습니다. 이 양초에 불을 붙이고 15분 뒤에 남은 양초의 길이를 재어 보니 16.68 cm였습니다. 7분이 더 지나면 양초의 길이는 몇 cm가 되겠습니까?

**16** 직사각형의 둘레는 24.8 cm입니다. 색칠한 부분의 넓이가 ★ $cm^2$라고 할 때 ★×100은 얼마입니까?

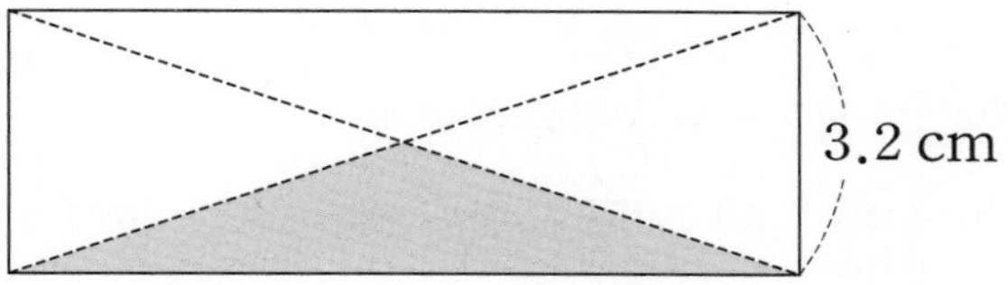


**17** 한 변이 16 cm인 정사각형이 있습니다. 이 정사각형의 각 변의 길이를 20 %씩 늘리면 넓이는 몇 % 늘어나겠습니까?

**18** 소금 10 g을 물 90 g에 섞은 후 잘 저어 소금물을 만들었습니다. 이 소금물에 소금을 25 g 더 넣는다면 소금물의 진하기는 몇 %입니까?

**19** 학생 300명에게 생일날 받고 싶은 선물에 대해 조사하여 나타낸 그래프입니다. 휴대 전화를 받고 싶은 학생은 책을 받고 싶은 학생보다 몇 명 더 많습니까?

받고 싶어 하는 선물별 학생 수

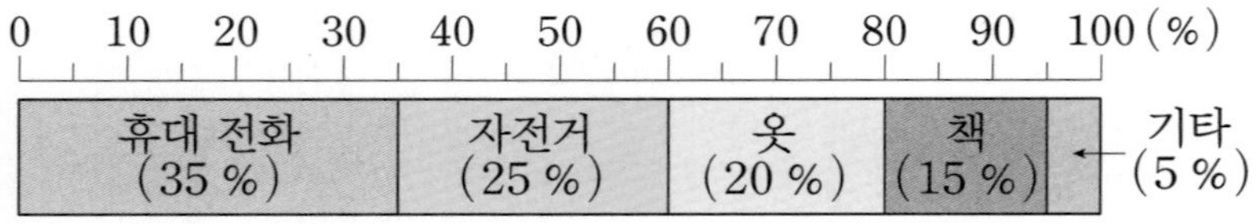


**20** 어느 도시의 학교별 학생 수를 조사하여 나타낸 원그래프입니다. 중학생 수는 대학생 수의 3배이고 전체 학생 수가 15000명일 때, 초등학생은 중학생보다 몇 명 더 많습니까?

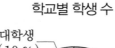

학교별 학생 수

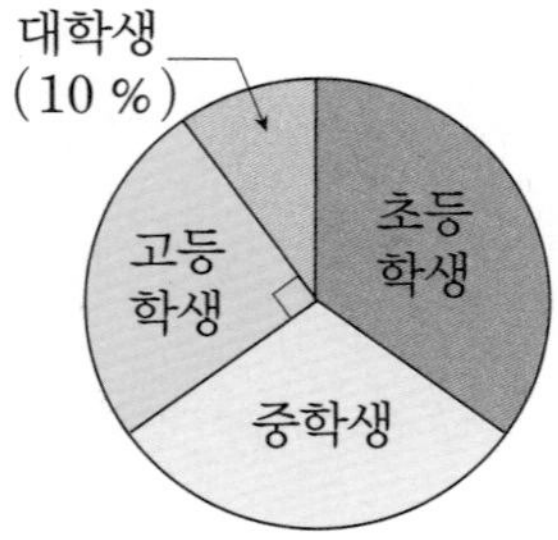


교과서 심화 과정

**21** $18\frac{3}{5}$ kg의 감자를 세 사람이 나누어 가졌는데 갑은 을보다 $1\frac{2}{5}$ kg 적게 가졌고, 을은 병이 가진 양의 2배를 가졌다고 합니다. 병은 몇 kg의 감자를 가졌습니까?

**22** 다음 조건을 모두 만족하는 입체도형의 모서리의 수는 몇 개입니까?

> ㉠ 밑면이 다각형이고, 옆면이 직사각형입니다.
> ㉡ 한 밑면에서 그을 수 있는 대각선은 27개입니다.

**23** 6.7에 어떤 자연수를 곱한 뒤, 그 답에 소수점을 찍지 않았더니 바른 답보다 844.2만큼 크게 되었습니다. 바른 답을 ㉠이라 할 때, 10×㉠은 얼마입니까?

**24** 한솔이네 학교의 지난해 학생은 1350명이었습니다. 올해에는 지난해 남학생 수의 $\frac{1}{50}$이 증가하고, 여학생 수의 $\frac{1}{25}$이 증가하여 전체 학생이 39명 늘어났습니다. 지난해 여학생은 몇 명이었습니까?

**25** 다음은 학생들의 취미를 조사한 원그래프입니다. 이 원그래프를 길이가 30 cm인 띠그래프로 나타내려고 할 때, 운동 부분은 몇 cm로 해야 합니까?

- 독서 부분의 중심각은 오락 부분과 운동 부분의 중심각의 합의 $\frac{13}{17}$입니다.
- 오락 부분의 중심각은 운동 부분의 중심각보다 36° 더 큽니다.

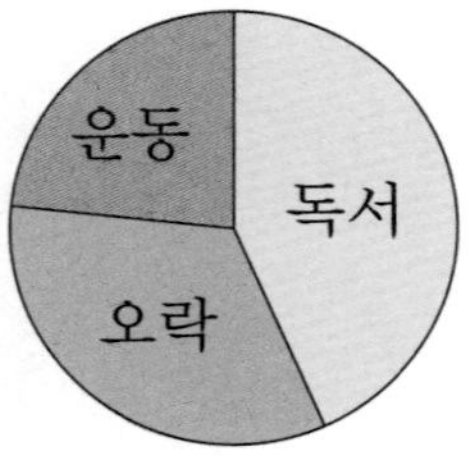


창의 사고력 도전 문제

**26** 네 수 가, 나, 다, 라의 관계가 다음과 같습니다. (가÷다)×(라÷다)를 구하시오.

- 가와 나의 곱은 $2\frac{3}{8}$입니다.
- 다와 나의 곱은 $\frac{1}{16}$입니다.
- 라와 나의 곱은 $1\frac{1}{4}$입니다.

**27** ㉮ 지점에서 ㉯ 지점까지 선분을 따라 가는 가장 가까운 길은 모두 몇 가지입니까?

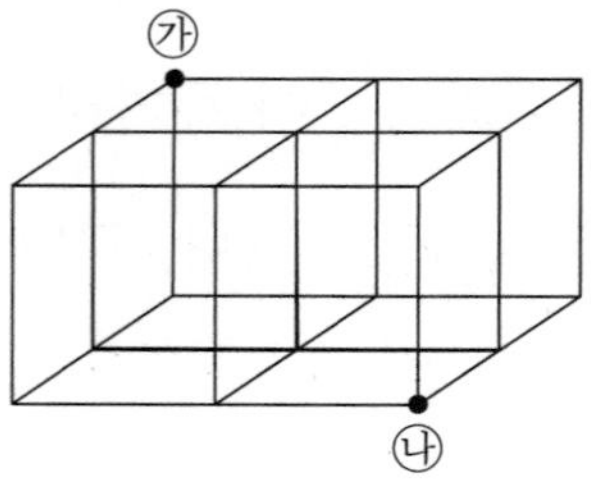

**28** 1보다 큰 4개의 소수 A, B, C, D가 있습니다. A＜B＜C＜D이고, A+B, B+C, C+D, A+C, B+D, A+D의 6가지 경우의 총합이 546.6이며, A+D가 B+C보다 큽니다. 또, 6가지 경우를 작은쪽부터 차례로 나열하면 3씩 커집니다. D의 일의 자리 숫자는 무엇입니까?

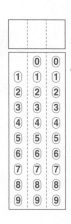

**29** 가영이네 학교 6학년 학생 200명에 대하여 동생이 있는가를 조사하였더니 동생이 없는 학생은 20명이고 남동생과 여동생이 모두 있는 학생 수는 남동생이 있는 학생 수의 0.4, 여동생이 있는 학생 수의 $\frac{1}{3}$이었습니다. 여동생이 있는 학생은 몇 명입니까?

**30** 영수네 학교의 전체 학생 수는 1500명입니다. 다음은 학생들이 국어와 수학을 각각 좋아하는지를 조사하여 나타낸 원그래프입니다. 국어와 수학을 모두 좋아하는 학생이 600명일 때 국어와 수학을 모두 좋아하지 않는 학생은 몇 명입니까?

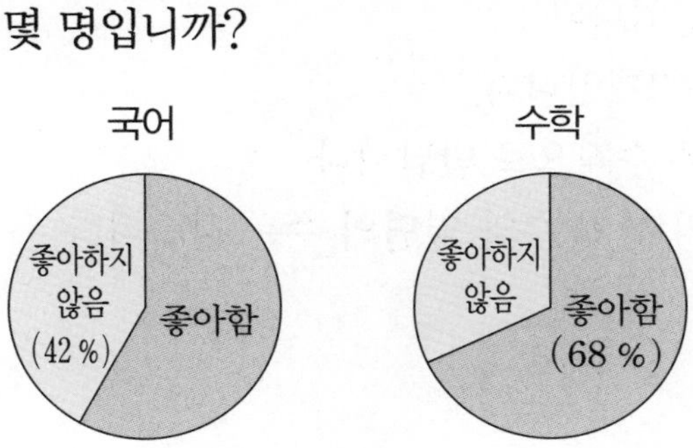

교과서 기본 과정

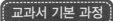

**01** $\frac{3}{5} \div 2$를 곱셈으로 바르게 고친 것은 어느 것입니까?

① $\frac{3}{5} \times 2$　② $\frac{3 \times 2}{5 \times 2}$　③ $\frac{3}{5 \times 2}$

④ $\frac{5 \times 3}{2}$　⑤ $\frac{5 \times 2}{3}$

**02** 다음을 계산한 값은 얼마입니까?

$$2\frac{1}{5} \div 3 + 49 \div 15$$

**03** 다음 설명 중 옳지 <u>않은</u> 것은 어느 것입니까?

① 각기둥의 밑면은 2개입니다.

② 각뿔의 옆면은 삼각형입니다.

③ 삼각기둥의 모서리는 9개입니다.

④ 각뿔의 밑면과 옆면은 수직으로 만납니다.

⑤ 각기둥에서 한 밑면의 변의 수와 옆면의 수는 같습니다.

**04** 오른쪽 그림은 한 변이 8 cm인 정사각형을 밑면으로 하는 사각뿔입니다. 사각뿔의 모든 모서리의 길이의 합은 몇 cm입니까? (단, 옆면은 모두 이등변삼각형입니다.)

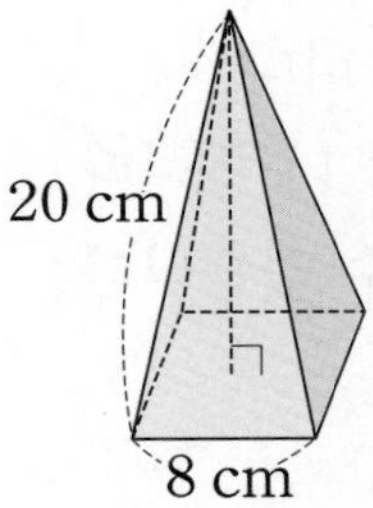


**05** ☆에 알맞은 수를 찾아 ☆×100의 값을 구하시오.

☆×24=55.68

**06** 넓이가 36 $cm^2$인 삼각형이 있습니다. 이 삼각형의 높이가 15 cm일 때, 밑변의 길이는 ㉠.㉡ cm입니다. 이때 ㉠.㉡×10의 값을 구하시오.

**07** ㉯에 대한 ㉮의 비율이 100 %입니다. ㉮와 ㉯의 크기를 바르게 설명한 것은 어느 것입니까?

① 같습니다.
② ㉮가 더 큽니다.
③ ㉯가 더 큽니다.
④ ㉮가 10 % 정도 큽니다.
⑤ 알 수 없습니다.

**08** 축구와 관련된 민수와 란주의 대화입니다. 더 높은 성공률로 골을 넣은 사람의 백분율은 몇 %입니까?

민수 : 나는 공을 30번 차서 골대에 12번을 넣었어.
란주 : 나는 공을 40번 차서 골대에 18번을 넣었어.

**09** 유승이네 반 학생들이 가장 좋아하는 과목을 조사하여 나타낸 표입니다. 이 표를 길이가 30 cm인 띠그래프로 나타낼 때 수학은 몇 cm로 나타내야 합니까?

좋아하는 과목별 학생 수

| 과목 | 국어 | 수학 | 과학 | 음악 | 합계 |
|---|---|---|---|---|---|
| 학생 수(명) | 8 | 6 | 4 | 2 | 20 |

**10** 어느 아파트 재활용 분리수거장에서 재활용이 불가능한 종이를 분류한 것입니다. 원그래프로 나타낼 때 합성벽지가 차지하는 비율은 몇 %입니까?

재활용이 불가능한 종이류

| 종류 | 무게 |
|---|---|
| 합성벽지 | 7 kg |
| 부직포 | 3 kg |
| 기저귀 | 1 kg |
| 오염물질이 묻은 종이 | 4 kg |
| 영수증 및 택배전표 | 0.5 kg |
| 방수코팅된 포장 박스 | 4 kg |
| 각종 라벨 | 0.5 kg |

교과서 응용 과정

**11** 굵기가 일정한 통나무 1 m의 무게를 재어 보니 $7\frac{1}{5}$ kg였습니다. 이 통나무 $2\frac{3}{4}$ m를 5등분 하였더니 한 도막의 무게가 ㉠$\frac{㉢}{㉡}$ kg였습니다. 이때 ㉠+㉡+㉢의 최솟값은 얼마입니까?

**12** 같은 무게의 귤이 한 상자에 19개씩 5상자에 들어 있습니다. 귤이 들어 있는 5상자의 무게는 $53\frac{3}{4}$ kg이고 빈 상자 한 개의 무게는 $\frac{3}{4}$ kg입니다. 귤 한 개의 무게는 몇 kg인지 기약분수로 나타낼 때 분모와 분자의 합을 구하시오.

**13** 오른쪽 전개도로 만들어지는 입체도형의 면의 수, 꼭짓점의 수, 모서리의 수의 합은 몇 개입니까?

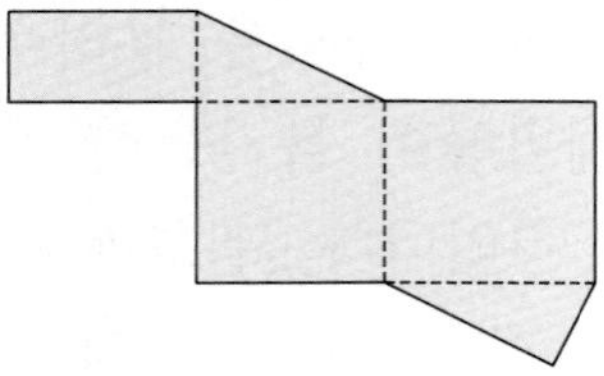

**14** 가로가 22 cm, 세로가 20 cm인 직사각형 모양의 도화지에 오른쪽 그림과 같은 각기둥의 전개도를 그렸습니다. 그린 전개도를 오려 내고 남은 도화지의 넓이는 몇 $cm^2$입니까?

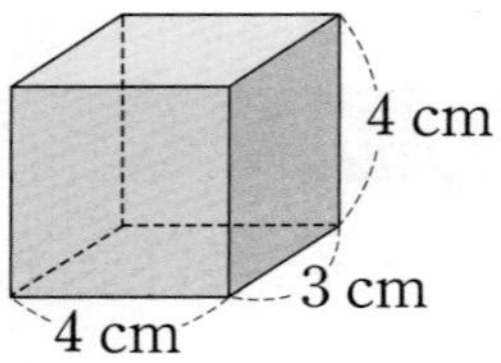

**15** 다음은 3.75와 $4\frac{1}{10}$ 사이를 5등분 한 것입니다. ㉠에 알맞은 수는 어느 것입니까?

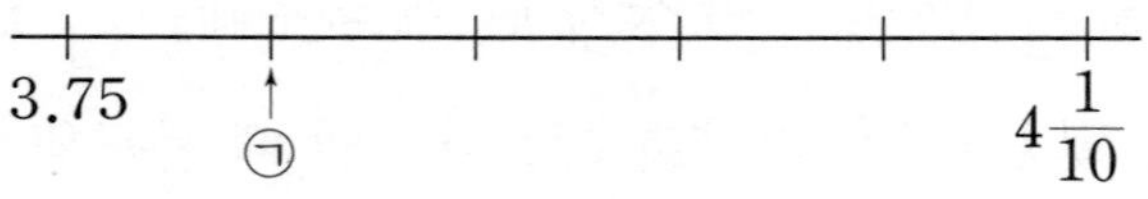


① 3.8　② 3.82　③ 3.9
④ 3.92　⑤ 4

**16** 가 자동차는 휘발유 4 L로 27.8 km를 갈 수 있고, 나 자동차는 휘발유 7 L로 77.14 km를 갈 수 있습니다. 휘발유 100 L로 두 자동차가 각각 갈 수 있는 거리의 차는 몇 km입니까?

**17** 가영이는 어제 올림픽 기념 우표 한 장을 1200원에 사서 산 금액의 $\frac{1}{4}$의 이익을 붙여 팔았습니다. 오늘 다시 이 우표를 판 금액보다 400원 더 비싸게 사서 어제 산 금액의 200 %만큼의 돈을 받고 팔았습니다. 이틀 동안 가영이가 본 손해와 이익을 바르게 설명한 것은 어느 것입니까?

① 가영이는 800원 손해를 보았습니다.
② 가영이는 800원 이익을 얻었습니다.
③ 가영이는 500원 손해를 보았습니다.
④ 가영이는 500원 이익을 얻었습니다.
⑤ 가영이는 이익도 손해도 없습니다.

**18** 총 30문제 중 80 % 이상을 맞히면 상을 받을 수 있는 수학 시험이 있습니다. 영수가 이 시험을 본 후 채점을 하는 도중에 맞힌 문제 수를 세어 보았더니 그때까지 맞힌 문제 수가 30문제의 70 %였습니다. 영수가 상을 받으려면 앞으로 최소 몇 개의 문제를 더 맞혀야 합니까?

**19** 용희네 학교 6학년 학생들이 가장 좋아하는 과일을 조사하여 전체 길이가 10 cm인 띠그래프로 나타낸 것입니다. 배를 좋아하는 학생이 45명일 때, 6학년 전체 학생 수는 몇 명입니까?

좋아하는 과일별 학생 수

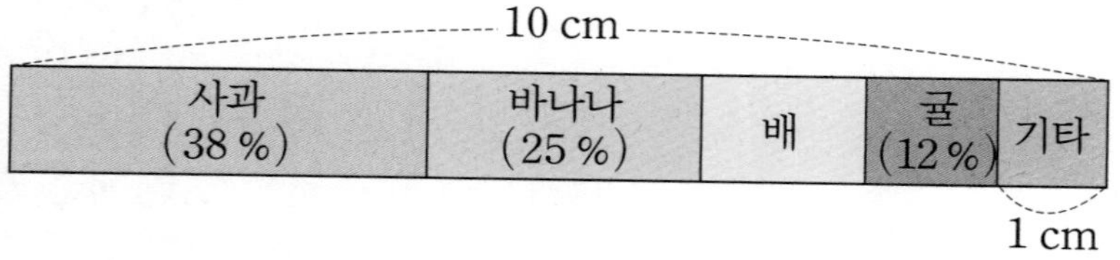


**20** 영수네 아파트에서 일주일 동안 나온 쓰레기의 종류를 나타낸 띠그래프와 재활용품의 종류를 나타낸 원그래프입니다. 일주일 동안 나온 쓰레기의 양이 1200 kg일 때 금속류의 양은 몇 kg입니까?

쓰레기의 종류

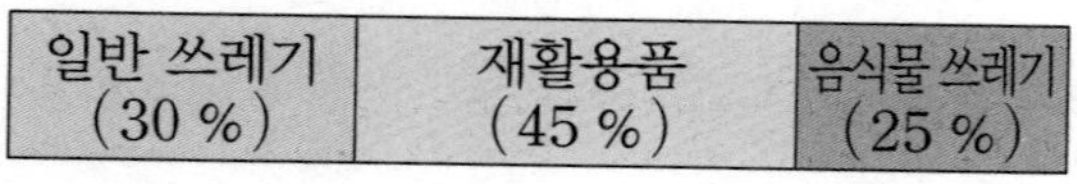


재활용품의 종류

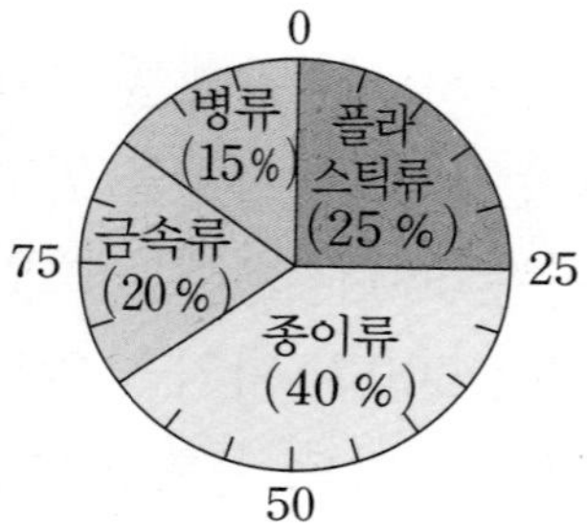


교과서 심화 과정

**21** □ 안에 들어갈 수 있는 수 중에서 가장 작은 자연수는 얼마입니까?

$$1\frac{2}{7} \div \square < \frac{3}{8}$$

**22** 면의 수, 모서리의 수, 꼭짓점의 수의 합이 50개인 각뿔이 있습니다. 이 각뿔과 밑면의 모양이 같은 각기둥의 면의 수, 모서리의 수, 꼭짓점의 수의 합은 얼마입니까?

**23** 다음과 같이 집에서 $\frac{2}{5}$ km 떨어진 지점과 $\frac{3}{4}$ km 떨어진 지점 사이를 10등분 한 후 (가) 지점에 사과나무를 심었습니다. 사과나무는 집에서 몇 km 떨어진 곳에 있습니까?

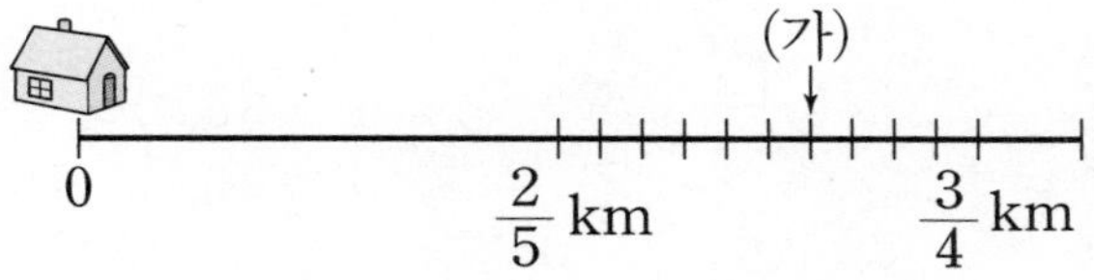


① 0.55 km ② 0.57 km ③ 0.6 km
④ 0.61 km ⑤ 0.68 km

**24** 오른쪽 그림은 정삼각형의 각 변의 가운데 점을 이어 그린 것입니다. 색칠한 삼각형의 넓이는 가장 큰 정삼각형의 넓이의 ㉠%입니다. ㉠×64는 얼마입니까?

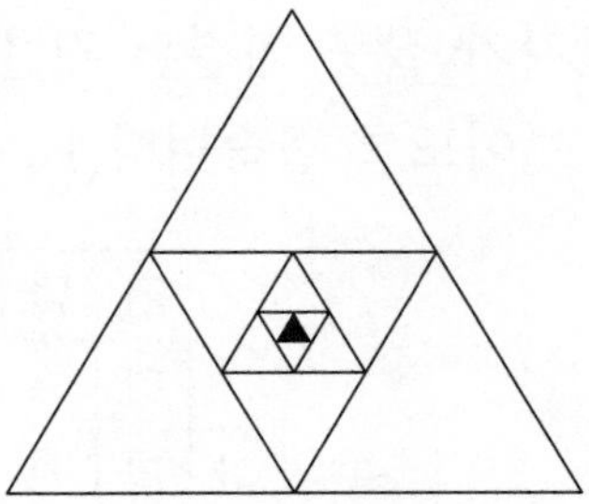

**25** 길이가 60 cm인 띠그래프를 가, 나, 다, 라 네 부분으로 나누었을 때, 라는 다의 $\frac{1}{5}$이고, 가는 나의 $\frac{2}{5}$였습니다. 라의 비율이 전체의 5 %라면, 가의 비율은 전체의 몇 %입니까?

창의 사고력 도전 문제

**26** 귤을 상자에 담으려고 합니다. ㉮ 상자 1개와 ㉯ 상자 1개에는 전체의 $\frac{1}{30}$을 담을 수 있고, 모두 다 담으려면 ㉮ 상자 24개와 ㉯ 상자 35개가 필요합니다. 만약 ㉮ 상자에만 귤을 담는다면, ㉮ 상자는 모두 몇 개가 필요합니까?

**27** 다음 (가)와 (나)는 같은 사각기둥의 전개도입니다. (나)의 각 부분에 들어갈 글자가 <u>잘못</u> 연결된 것은 어느 것입니까? (단, 전개도를 접을 때 글자가 보이도록 접습니다.)

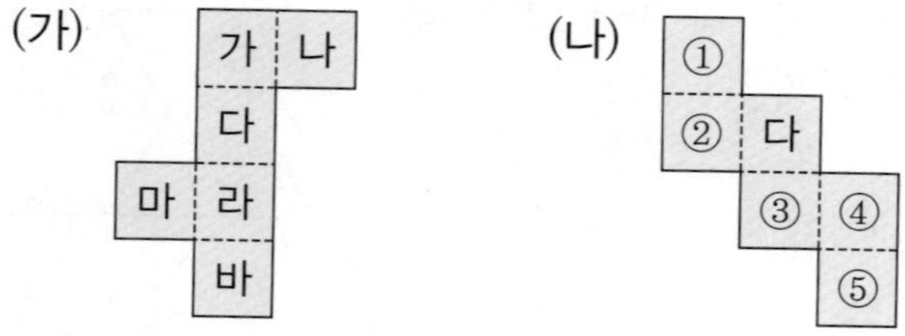


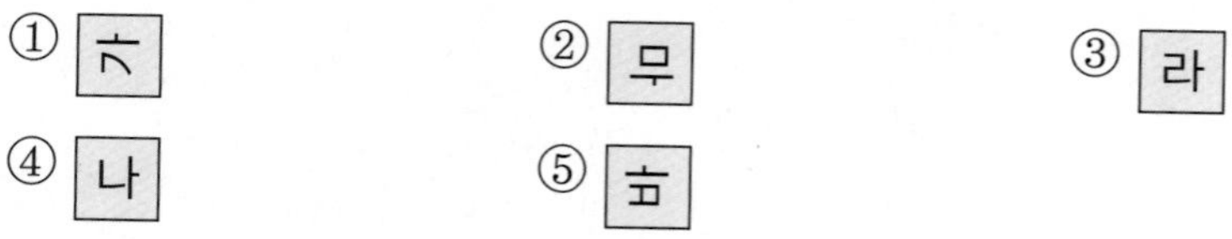

**28** 떨어진 높이의 $\frac{4}{5}$만큼 튀어 오르는 공이 있습니다. 다음과 같이 된 계단에서 이 공이 세 번째로 튀어 오른 높이가 22.4 cm라면 처음에 공을 떨어뜨린 높이는 땅바닥에서부터 몇 cm 되는 곳입니까?

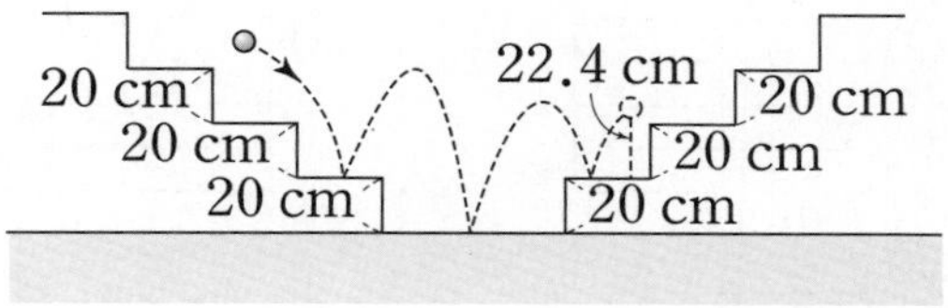


**29** 14 %의 소금물 300 g이 있습니다. 그런데 이 소금물은 매일 같은 양의 물이 증발한다고 합니다. 10일 동안 증발한 뒤 이 소금물에 6 %의 소금물 150 g을 섞었더니 15 %의 소금물이 되었습니다. 물은 매일 몇 g씩 증발하였습니까?

**30** 오른쪽은 6학년 학생들이 좋아하는 과목을 조사하여 나타낸 원그래프입니다. 미술을 좋아하는 학생은 체육을 좋아하는 학생보다 10명 적고, 국어를 좋아하는 학생은 미술을 좋아하는 학생의 2배이며, 수학을 좋아하는 학생은 62명입니다. 6학년 학생은 모두 몇 명입니까?

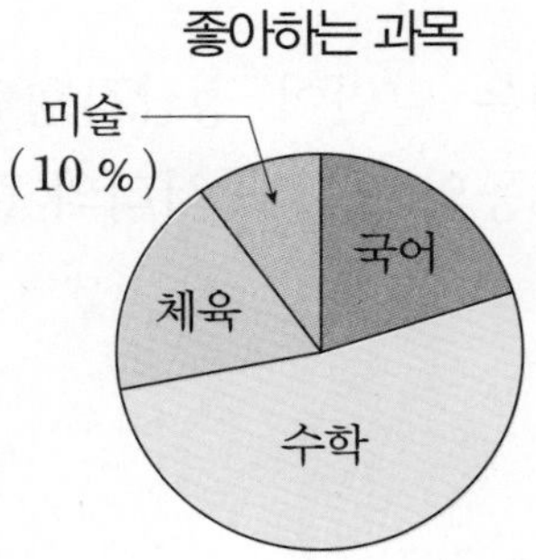

교과서 기본 과정

**01** $\frac{3}{4} \div 6$의 몫을 바르게 나타낸 것은 어느 것입니까?

① 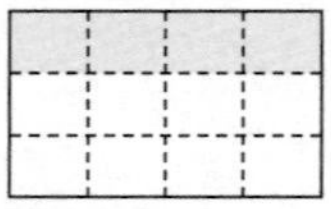
② 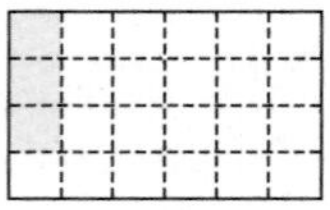
③ 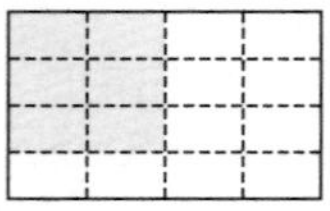
④ 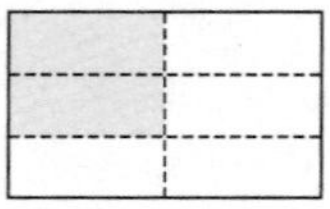
⑤ 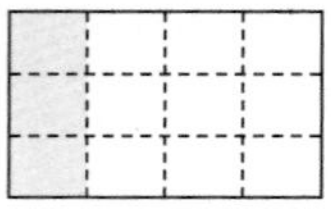

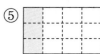

**02** 두 계산 결과의 차를 구하시오.

㉠ $2\frac{1}{4} \div 3$ ㉡ $7\frac{1}{2} \div 2$

**03** 오른쪽은 밑면이 정삼각형인 삼각기둥입니다. 이 삼각기둥의 모든 모서리의 길이의 합은 몇 cm입니까?

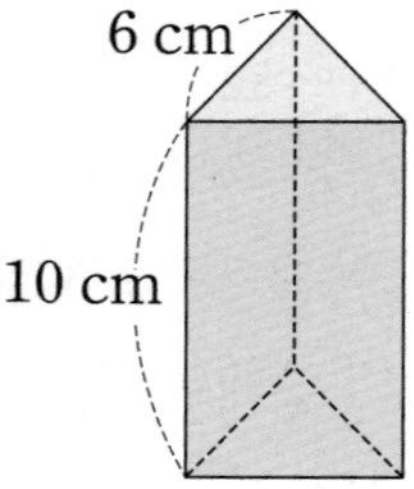

**04** 어떤 입체도형의 밑면은 정오각형이고 옆면은 이등변삼각형으로 합동입니다. 이 입체도형의 모든 모서리의 길이의 합이 60 cm일 때, ㉠의 길이는 몇 cm입니까?

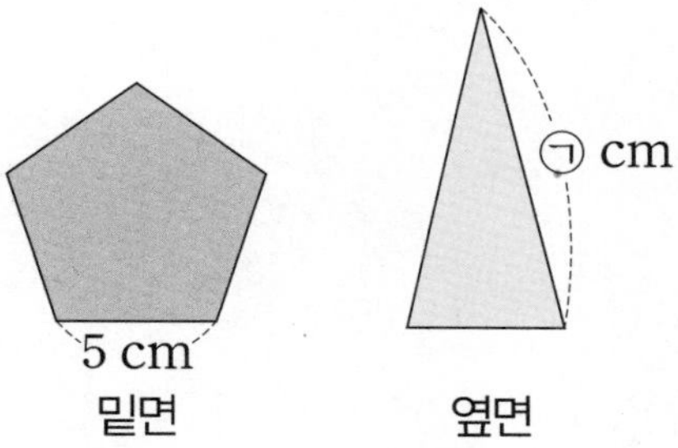

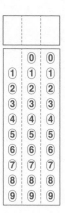


**05** ㉮에 알맞은 수를 찾아 ㉮ × 10의 값을 구하면 얼마입니까?

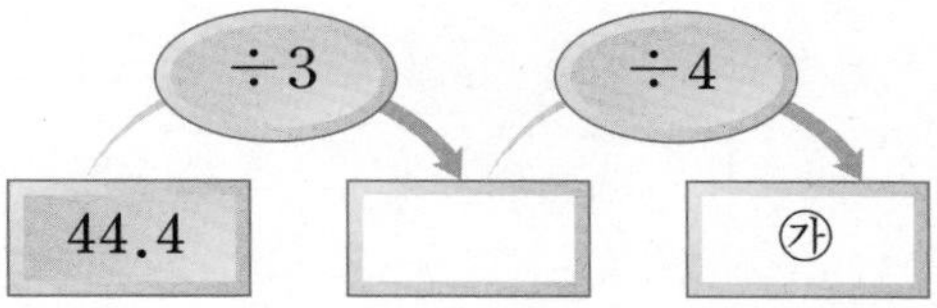


**06** 페인트 21.6 L를 사용하여 가로가 6 m, 세로가 2 m인 직사각형 모양의 벽을 칠했습니다. 1 $m^2$의 벽을 칠하는데 사용한 페인트의 양을 ㉠ L라 할 때 ㉠ × 10의 값은 얼마입니까?

**07** 다음 중 기준량이 비교하는 양보다 큰 것은 어느 것입니까?

① 85 %　　② 1　　③ 1.4

④ 120 %　　⑤ $\frac{7}{5}$

**08** 100원짜리 동전을 20번 던졌습니다. 동전을 던진 횟수에 대한 숫자면이 나온 비율이 $\frac{2}{5}$일 때, 그림면은 모두 몇 번 나온 것입니까?

**09** 예슬이네 학교 학생들이 제일 좋아하는 운동을 조사하여 나타낸 띠그래프입니다. 조사한 학생이 240명이라면 수영을 좋아하는 학생은 몇 명입니까?

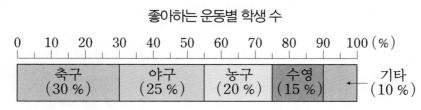

좋아하는 운동별 학생 수

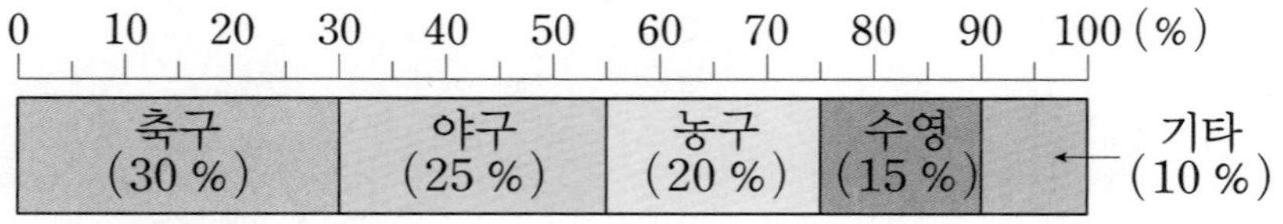

**10** 오른쪽은 학생들이 태어난 계절을 조사하여 나타낸 원그래프입니다. 봄에 태어난 학생이 91명이라면 전체 학생 수는 몇 명입니까?

태어난 계절별 학생 수

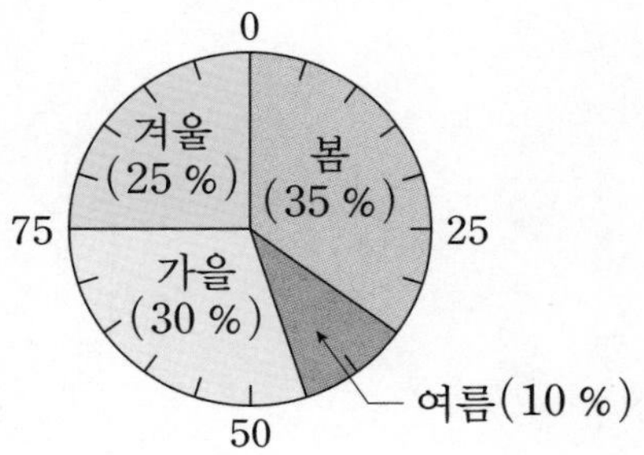


교과서 응용 과정

**11** 계산 결과가 자연수일 때 □ 안에 들어갈 수 있는 자연수 중 가장 작은 수는 얼마입니까?

$$3\frac{7}{15} \div 8 \times \square$$

**12** 27 kg의 밀가루 중에서 식빵을 만드는 데 $6\frac{1}{2}$ kg을 5배 한 양의 반만큼 사용했고, 도넛을 만드는 데 $5\frac{1}{4}$ kg을 3등분 한 것 중 하나를 사용했습니다. 남은 밀가루는 몇 kg입니까?

**13** 꼭짓점이 30개인 각뿔의 모서리의 수는 몇 개입니까?

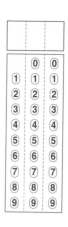

**14** 다음 조건을 모두 만족하는 입체도형의 모서리는 몇 개입니까?

- 두 밑면이 서로 평행하고 합동입니다.
- 옆면이 밑면에 수직이고, 직사각형입니다.
- 밑면은 다각형이고, 그 다각형의 각들의 합은 $360°$입니다.

**15** A4 복사 용지 한 묶음의 두께는 $6.4\,\mathrm{cm}$입니다. 한 묶음에 용지가 500장이라고 할 때 용지 한 장의 두께를 알아보려고 합니다. 용지 한 장의 두께를 ㉠ mm라고 하면 ㉠ $\times$ 1000의 값은 얼마입니까?

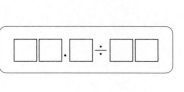

**16** 숫자 카드 1, 2, 4, 6, 8 을 모두 사용하여 몫이 가장 큰 나눗셈을 만들려고 합니다. 이때 가장 큰 나눗셈의 몫을 ㉠이라 할 때 ㉠$\times 10$의 값은 얼마입니까?

□□.□÷□□

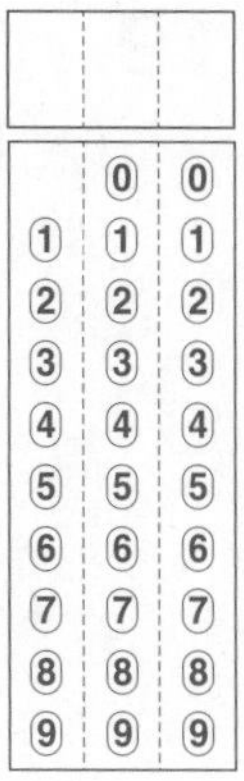

**17** 좌석이 4000개인 극장에 공연을 보러 온 관람객 수는 전체 좌석 수의 80 %였습니다. 이 중 특석에 앉은 사람이 2 %라면, 특석에 앉은 관람객은 몇 명입니까?

**18** 어떤 학교 학생 전체의 54 %는 운동을 좋아하고, 그중 $\frac{4}{9}$는 축구를 좋아합니다. 축구를 좋아하는 학생이 180명이라면 이 학교 학생은 모두 몇 명입니까?

**19** 전체 길이가 30 cm인 띠그래프에서 ㉮는 ㉯보다 3 cm 더 깁니다. ㉮는 전체의 몇 %입니까?

**20** 어느 지역의 토지 이용률과 농경지 넓이 비율을 조사하여 나타낸 원그래프입니다. 이 지역의 넓이가 300 $km^2$일 때, 밭이 차지하는 넓이는 몇 $km^2$입니까?

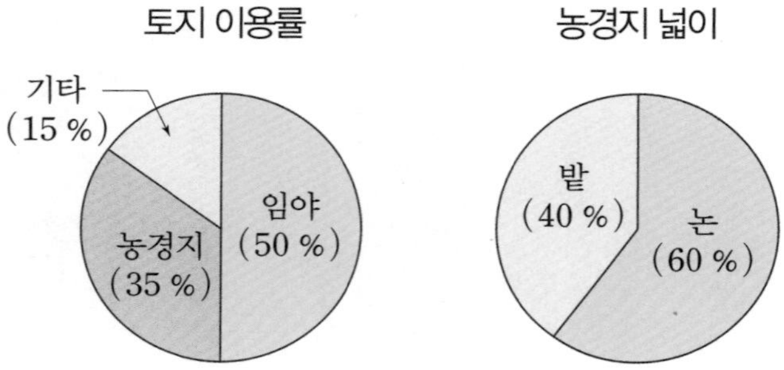


교과서 심화 과정

**21** $2\frac{\square}{15} \div 6 \times 45$를 계산한 값이 자연수가 나왔을 때, □ 안에 들어갈 수 있는 수는 모두 몇 개입니까?

**22** 오른쪽은 각각의 모서리의 길이가 2 m 80 cm인 각뿔입니다. 각 모서리에 14 cm 간격으로 점을 찍으려고 합니다. 모두 몇 개의 점을 찍을 수 있습니까?

(단, 모든 꼭짓점에도 점을 찍습니다.)

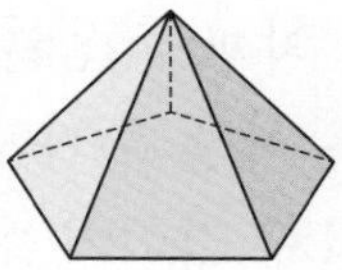

**23** 무게가 각각 같은 사과와 배가 여러 개 있습니다. 개수를 다르게 하여 저울에 올려 놓고 무게를 재었더니 다음과 같았습니다. 배 10개는 몇 kg입니까?

2.3 kg　　1.2 kg

**24** ㉮비커에는 물 240 g과 소금 20 g을 넣어 소금물을 만들고, ㉯비커에는 진하기가 12.5 %인 소금물 320 g을 만들었습니다. ㉮비커와 ㉯비커에서 소금물을 각각 절반씩 따라 새로운 비커에 섞고 물 10 g을 더 넣었을 때, 새로 만들어진 소금물의 진하기는 몇 %입니까?

**25** 지혜네 학교 학생들이 점심시간에 하는 활동을 조사한 표입니다. 축구를 하는 학생 수가 술래잡기를 하는 학생 수보다 56명 더 많습니다. 이것을 전체 길이가 30 cm인 띠그래프로 그릴 때, 술래잡기가 차지하는 부분의 길이는 ㉠ cm입니다. ㉠×100의 값은 얼마입니까?

점심시간에 하는 활동

| 활동 | 독서 | 축구 | 술래잡기 | 기타 | 합계 |
|---|---|---|---|---|---|
| 학생 수(명) | 280 | | | 56 | 560 |

창의 사고력 도전 문제

**26** 평행사변형 ㄱㄴㄷㄹ 위의 점 ㅁ은 변 ㄴㄷ의 가운데 점이고, 점 ㅂ은 변 ㄱㄹ의 가운데 점입니다. 이 평행사변형의 넓이가 $5\frac{1}{4}$ cm$^2$일 때, 색칠한 부분의 넓이의 8배는 몇 cm$^2$입니까?

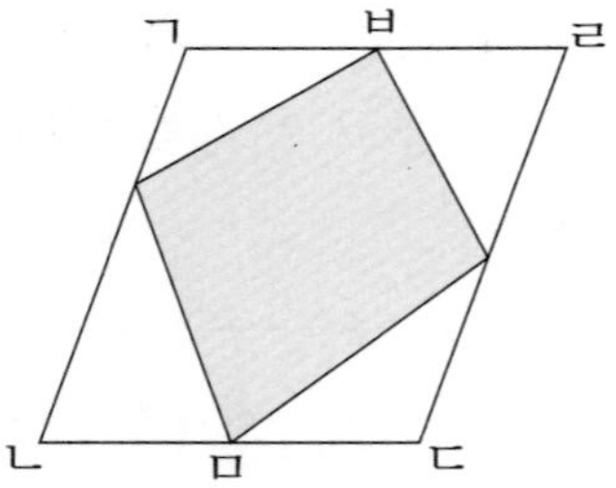


**27** 밑면의 모양이 정삼각형인 각기둥의 전개도입니다. 전개도의 둘레의 길이가 110 cm일 때, 전개도를 접어 만든 각기둥의 모든 모서리의 길이의 합이 될 수 있는 수 중 가장 큰 것과 가장 작은 것의 차는 몇 cm입니까? (단, ㉠과 ㉡은 자연수이고, ㉠>㉡입니다.)

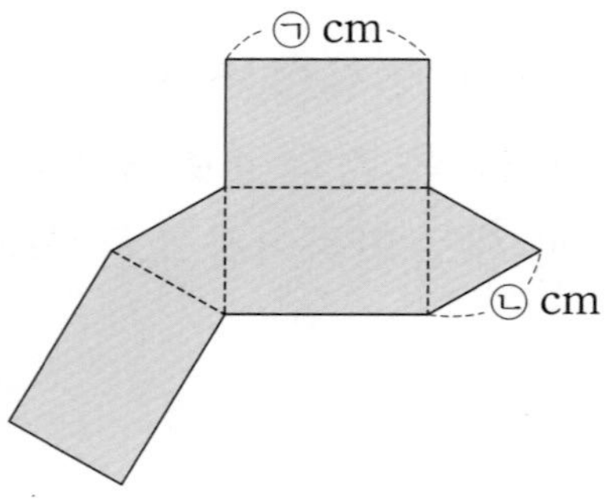

**28** 길이가 서로 다른 테이프 가, 나, 다, 라가 있습니다. 네 테이프의 길이의 합은 85.4 cm이고 가와 나의 길이의 합은 다와 라의 길이의 합과 같습니다. 다의 길이가 가의 길이보다 3 cm 더 짧고, 라의 길이는 다의 길이보다 1.5 cm 더 길다면, 나의 길이의 10배는 몇 cm입니까?

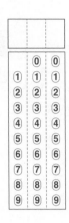

**29** 신영이는 도매점에서 1개에 400원 하는 사과를 사 왔습니다. 사 온 사과 중 50개가 썩어서 버리고, 나머지 사과에 20 %의 이익을 붙여 팔았더니 전체적으로 6000원의 이익을 얻었습니다. 신영이가 처음에 사 온 사과는 모두 몇 개입니까?

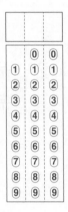

**30** 동민이네 학교에서 여름과 겨울을 좋아하는 학생 수를 조사하여 나타낸 원그래프입니다. 전체 학생 수가 1200명일 때, 여름도 겨울도 좋아하지 않는 학생은 몇 명입니까?

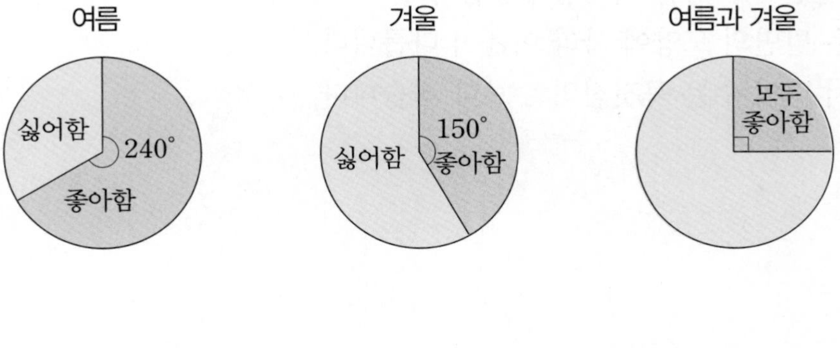

# KMA 최종 모의고사 ①회

✿ 부록에 있는 OMR 카드를 사용해 보세요.

교과서 기본 과정

**01** 빈칸에 알맞은 수를 구하시오.

(　　　　　　　　　　)

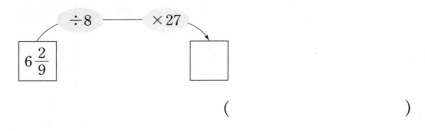

**02** 무게가 같은 깡통 13개를 저울에 달았더니 $18\frac{1}{5}$ kg이 되었습니다. 이 깡통 20개의 무게는 몇 kg입니까?

(　　　　　　　　　　) kg

**03** 다음 중 각기둥과 각뿔에 대한 설명으로 바른 것은 어느 것입니까? (　　　　)

① 각기둥의 옆면의 모양은 정사각형입니다.

② 두 밑면이 서로 평행한 입체도형을 각기둥이라고 합니다.

③ 각뿔의 옆면의 모양은 직각삼각형입니다.

④ 각기둥은 밑면의 모양에 따라 이름이 다릅니다.

⑤ 각뿔에서 면의 수는 꼭짓점의 수보다 적습니다.

**04** 오른쪽 입체도형의 면의 수와 모서리의 수의 합은 몇 개입니까?

( )개

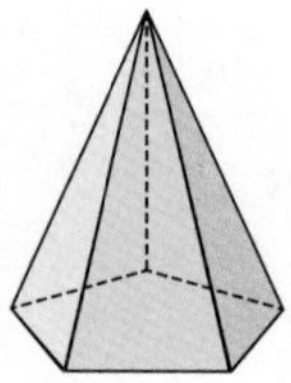

**05** 다음 중 몫이 가장 큰 것은 어느 것입니까? ( )

① 14.7÷6 ② 1.47÷60 ③ 147÷6
④ 147÷60 ⑤ 1.47÷6

**06** 몫을 어림할 때 나눗셈의 몫에 가장 가까운 것은 어느 것입니까? ( )

34.92÷6

① 2 ② 4 ③ 5
④ 6 ⑤ 8

**07** 3 : 5보다 비율이 큰 것은 모두 몇 개입니까?

| | |
|---|---|
| ㉠ 10에 대한 2의 비 | ㉡ 13 : 20 |
| ㉢ 14와 10의 비 | ㉣ 6 대 5 |
| ㉤ 0.35 | |

( )개

**08** 조건 을 만족하는 비를 ㉠ : ㉡이라고 할 때, ㉡의 값은 얼마입니까?

조건
- 비율이 $\frac{5}{4}$입니다.
- 기준량과 비교하는 양의 합이 54입니다.

( )

**09** 어느 동물원에 있는 동물을 조사하여 나타낸 띠그래프입니다. 동물원에 있는 전체 동물 수가 500마리라면 사슴은 몇 마리입니까?

종류별 동물 수

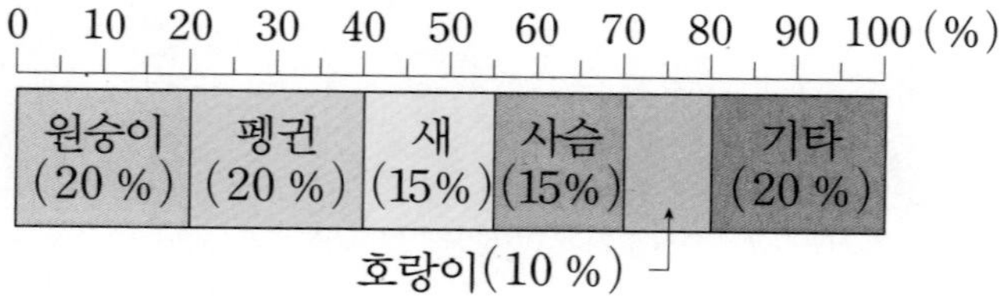


( )마리

**10** 오른쪽 그림은 어느 마트에서 6월 한 달 동안 판매한 사탕의 종류를 조사하여 나타낸 원그래프입니다. 포도 맛 사탕이 72개 팔렸다면, 마트에서 판매한 사탕은 모두 몇 개입니까?

( )개

종류별 사탕의 수

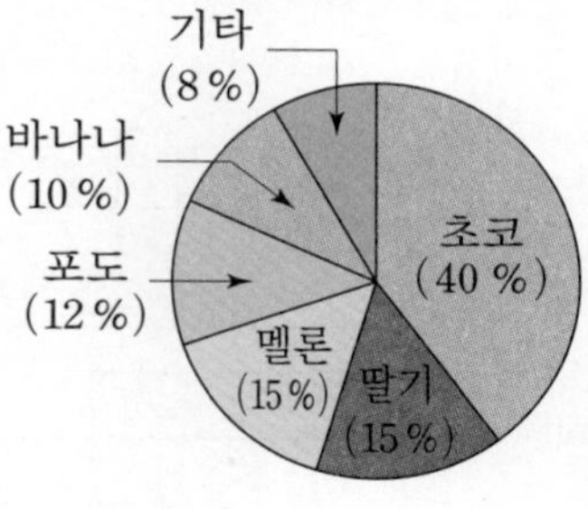


교과서 응용 과정

**11** 어떤 수를 21로 나눈 후 5를 곱하였더니 $3\frac{4}{7}$가 되었습니다. 어떤 수를 구하시오.

( )

**12** 상원이네 과수원에서 사과를 따는 데 어제는 전체 사과나무의 $\frac{4}{7}$를 따고, 오늘은 전체 사과나무의 $\frac{1}{4}$을 땄더니 따지 않은 사과나무는 35그루였습니다. 상원이네 과수원에 있는 사과나무는 모두 몇 그루입니까?

( )그루

**13** 다음 중 점선을 따라 접었을 때, 사각기둥이 만들어지는 것은 어느 것입니까?

( )

①
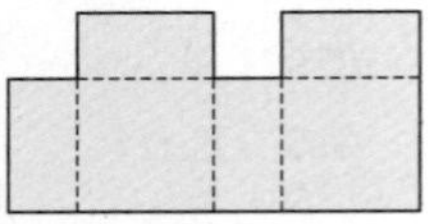
②
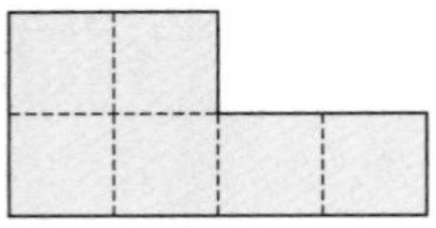
③
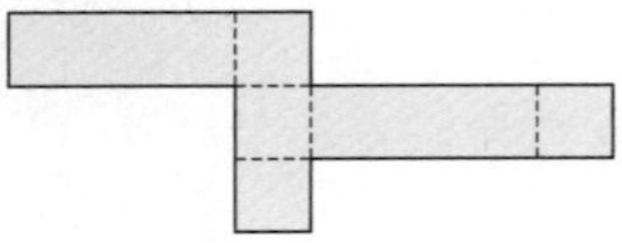
④
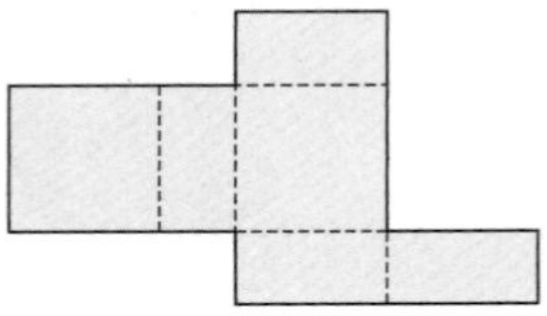
⑤
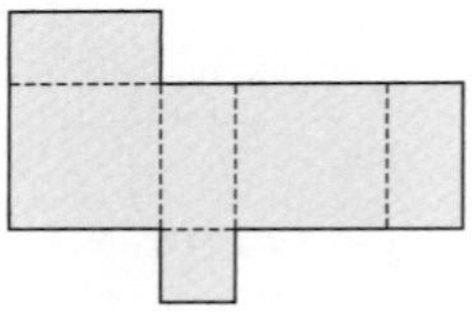

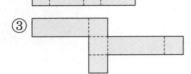

**14** 오른쪽 사각뿔의 모서리의 수와 면의 수의 합은 13개입니다. 모서리의 수와 면의 수의 합이 196개인 것은 몇 각뿔입니까?

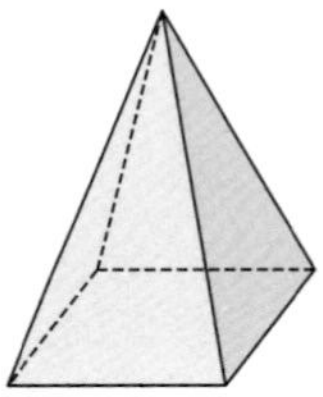

( )각뿔

**15** 어떤 수를 36으로 나누어야 하는데 잘못하여 3.6으로 나누었더니 몫이 25이고 나머지가 0.5가 되었습니다. 바르게 계산할 때의 몫을 반올림하여 소수 둘째 자리까지 구한 값을 ㉠이라고 할 때 ㉠×100의 값은 얼마입니까?

( )

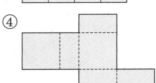

**16** 호현이는 그림의 규칙 을 다음과 같이 정하였습니다.

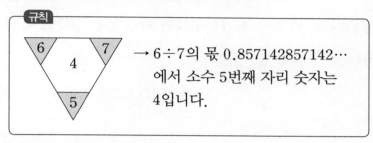

규칙

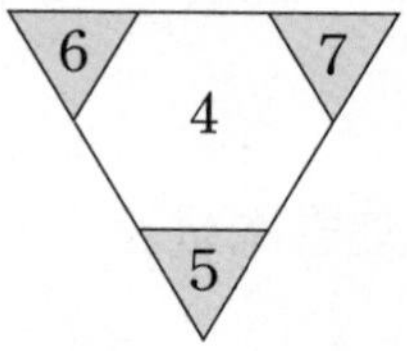


→ 6÷7의 몫 0.857142857142⋯
에서 소수 5번째 자리 숫자는
4입니다.

규칙에 따라 계산하였을 때 ㉡의 값은 얼마인지 구하시오.

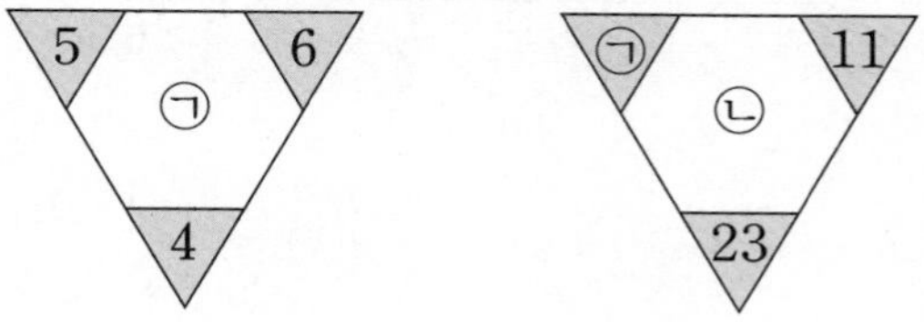


( )

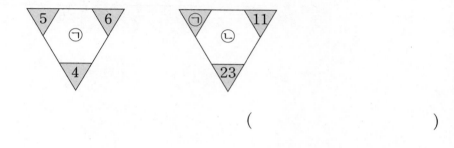

**17** 학생 40명에 대하여 안경을 쓴 학생 수를 조사하였습니다. 안경을 쓴 학생은 전체의 $\frac{3}{5}$이고, 그중에서 75 %는 남학생입니다. 안경을 쓴 여학생은 몇 명입니까?

( )명

**18** 떨어진 높이의 40 %만큼 튀어오르는 공이 있습니다. 이 공을 6 m 높이에서 떨어뜨렸을 때, 두 번째로 튀어오른 공의 높이는 몇 cm입니까?

( ) cm

**19** 달리기 대회에 참가한 학생 300명의 학년을 조사하여 길이가 20 cm인 띠그래프로 나타내었습니다. 대회에 참가한 6학년 학생 수는 5학년 학생 수의 $\frac{2}{3}$라고 할 때, 참가한 4학년 학생 수는 몇 명입니까?

대회에 참가한 학년별 학생 수

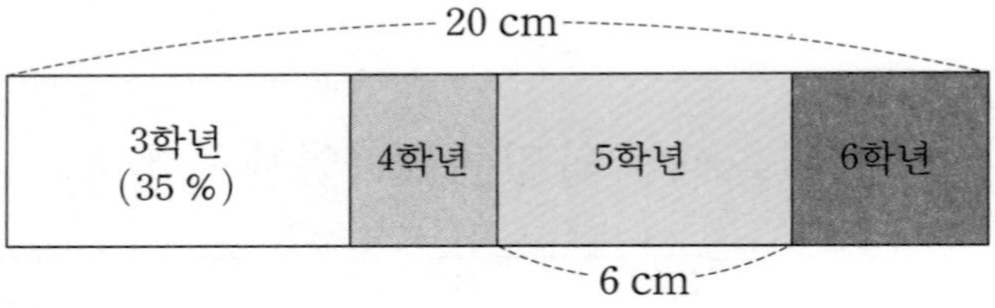


( )명

**20** 오른쪽 원그래프를 보고 전체 길이가 20 cm인 띠그래프로 나타내려고 합니다. 포도의 비율이 감의 비율의 3배일 때, 띠그래프에서 포도가 차지하는 길이는 ㉠ cm입니다. ㉠×10의 값은 얼마입니까?

( )

좋아하는 과일별 학생 수

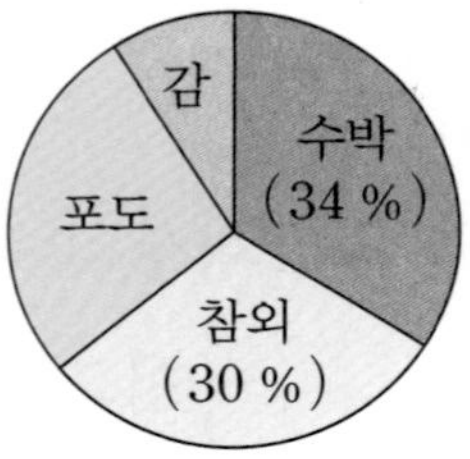


교과서 심화 과정

**21** 가⊙나$=\frac{가}{나}\div(나+3)\times5$라고 약속할 때, $21\frac{3}{5}$⊙3을 계산하시오.

( )

**22** 어떤 각기둥의 밑면은 가로가 9 cm이고, 넓이가 63 $cm^2$인 직사각형입니다. 이 각기둥의 모든 모서리의 길이의 합이 112 cm일 때, 이 각기둥의 전개도의 넓이는 몇 $cm^2$ 입니까?

( ) $cm^2$

**23** 지혜, 어머니, 아버지의 몸무게의 합은 156 kg이고, 어머니의 몸무게는 지혜의 몸무게의 1.8배, 아버지의 몸무게는 지혜의 몸무게의 2.2배입니다. 지혜의 몸무게를 ㉠ kg이라고 할 때 ㉠$\times$10의 값은 얼마입니까?

( )

**24** 상자 속에 빨간 공, 노란 공, 파란 공이 합하여 120개 들어 있습니다. 전체 공의 수에 대한 노란 공의 수의 비율은 $\frac{2}{5}$이고, 전체 공의 수에 대한 파란 공의 수의 비율이 $\frac{1}{6}$이라면 상자 속에 들어 있는 빨간 공은 몇 개입니까?

( )개

**25** 오른쪽 원그래프에서 ㉯와 ㉱의 비율을 합하면 전체의 42 %이고 ㉮와 ㉱의 비율을 합하면 전체의 45 %입니다. ㉱의 비율은 몇 % 입니까?

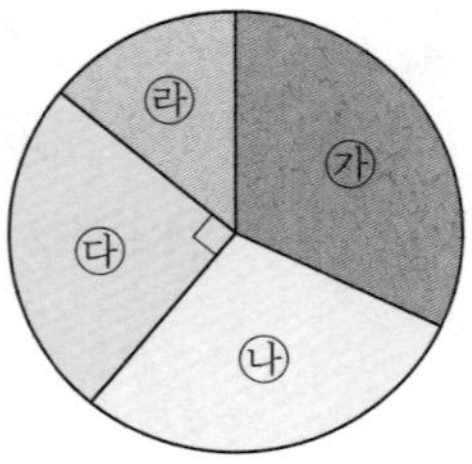


( ) %

창의 사고력 도전 문제

**26** 유란이는 가지고 있는 사탕을 영수에게 전체의 $\frac{3}{8}$보다 6개 적게, 현정이에게 전체의 $\frac{1}{4}$을, 철우에게 나머지를 모두 주었습니다. 철우에게 준 사탕의 수가 영수에게 준 사탕의 수의 2배일 때, 처음에 유란이가 가지고 있던 사탕은 모두 몇 개입니까?

( )개

**27** 오른쪽과 같이 정육면체의 모든 꼭짓점에 대하여 각 꼭짓점에 모인 세 모서리의 중점을 지나는 평면으로 잘랐을 때, 잘라내고 난 후 생긴 입체도형의 모서리의 수와 면의 수의 합은 몇 개입니까?

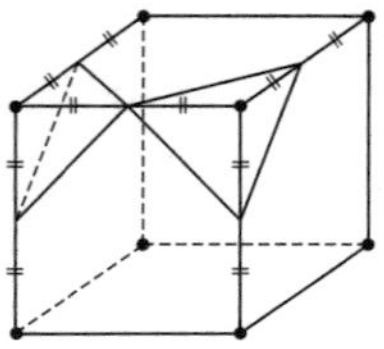

( )개

**28** 다음 식에 알맞은 숫자 □와 △를 (□, △)로 나타낼 때 (□, △)의 쌍은 모두 몇 개입니까?

23.□4 > 4△.46 ÷ 2

( )개

**29** 가영이는 ㉮, ㉯ 두 종류의 물건을 사기 위해 시장에 갔습니다. ㉮는 정가보다 15 % 싸게 사고, ㉯는 정가보다 19 % 싸게 사서 33600원을 냈습니다. 평균 16 % 싸게 샀다고 할 때, (㉮의 정가) ÷ 100은 얼마입니까?

( )

**30** 발야구와 피구를 좋아하는 학생 수를 각각 조사하여 나타낸 원그래프입니다. 전체 학생 수가 720명일 때, 발야구는 좋아하지만 피구는 싫어하는 학생 수를 구하시오.

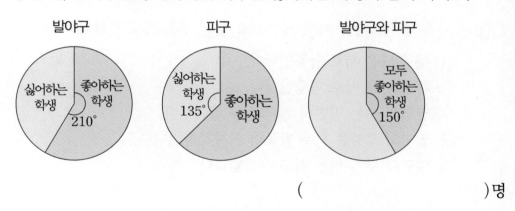

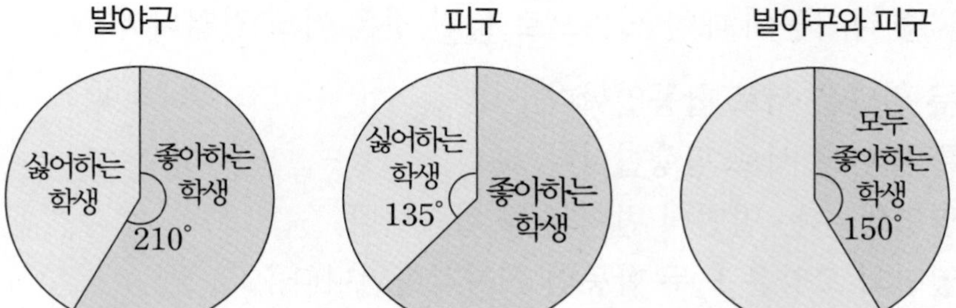


( )명

부록에 있는 OMR 카드를 사용해 보세요.

교과서 기본 과정

**01** 계산을 하시오.

$$8\frac{1}{6} \div 21 \times 18$$

(　　　　　　　　)

**02** 무게가 같은 통조림 5개를 저울에 달았더니 $1\frac{3}{4}$ kg이었습니다. 이 통조림 80개의 무게는 몇 kg입니까?

(　　　　　　　　) kg

**03** 다음 중 각기둥에 대한 설명으로 <u>틀린</u> 것은 어느 것입니까? (　　　　)

① 두 밑면은 서로 합동입니다.
② 두 밑면은 서로 평행합니다.
③ 옆면의 수는 밑면의 변의 수와 같습니다.
④ 옆면의 모양은 모두 합동인 직사각형입니다.
⑤ 옆면과 두 밑면은 서로 수직입니다.

**04** 각뿔의 이름을 알 수 없는 것은 어느 것입니까? (　　　　)

① 밑면이 삼각형인 각뿔
② 옆면이 삼각형인 각뿔
③ 면의 수가 5개인 각뿔
④ 꼭짓점의 수가 9개인 각뿔
⑤ 모서리의 수가 10개인 각뿔

**05** 어떤 수에 32를 곱하면 537.6이 됩니다. 어떤 수에 10을 곱하면 얼마입니까?

(　　　　　　)

**06** 고속열차가 172.8 km의 거리를 1시간 48분 동안 같은 빠르기로 달렸습니다. 이 고속열차는 10분 동안 몇 km를 달린 셈입니까?

(　　　　　　) km

**07** 현승이네 학교 6학년 학생을 대상으로 수학여행 참가에 찬성하는 학생 수를 조사하였습니다. 수학여행 참가에 찬성한 학생 수가 다음과 같을 때, 전체 6학년 학생 수에 대한 수학여행 참가에 찬성한 학생 수의 비율을 백분율로 나타내면 몇 %입니까?

| | 전체 학생 수(명) | 찬성한 학생 수(명) |
|---|---|---|
| 1반 | 24 | 17 |
| 2반 | 22 | 19 |
| 3반 | 26 | 18 |

( ) %

**08** 밑변이 24 cm이고 높이가 17.3 cm인 삼각형이 있습니다. 이 삼각형의 높이는 그대로 두고 밑변을 늘여서 처음 넓이의 25 %가 늘어나게 하였습니다. 밑변을 몇 cm만큼 더 늘어야 합니까?

( ) cm

**09** 동민이네 학교 학생 500명이 태어난 계절을 조사하여 띠그래프로 나타낸 것입니다. 겨울에 태어난 학생은 가을에 태어난 학생보다 몇 명 더 많습니까?

태어난 계절별 학생 수

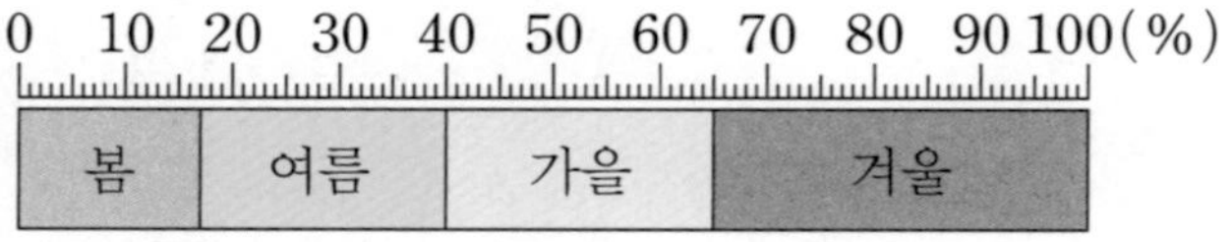


( )명

**10** 오른쪽 그림은 어느 농장에 있는 동물 120마리를 조사하여 나타낸 원그래프입니다. 표를 완성했을 때, ㉠+㉡+㉢의 값은 얼마입니까?

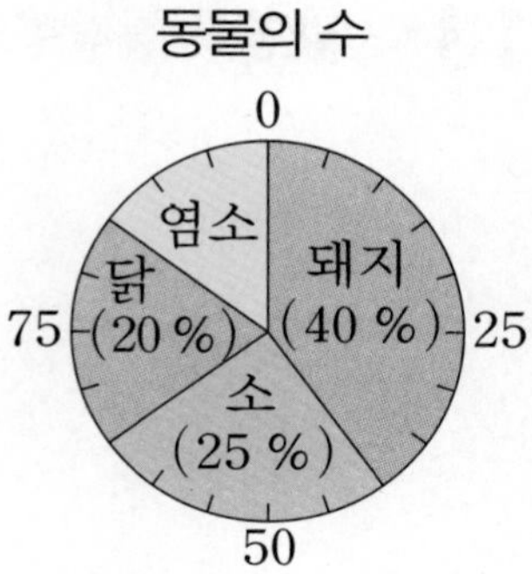


| 동물 | 돼지 | 소 | 닭 | 염소 | 합계 |
|---|---|---|---|---|---|
| 수(마리) | ㉠ | 30 | | | 120 |
| 백분율(%) | | | 20 | ㉡ | ㉢ |

(　　　　　　　　)

교과서 응용 과정

**11** 삼각형 ㄱㄴㄷ의 밑변을 똑같이 3부분으로 나누었습니다. 색칠한 부분의 넓이는 몇 $cm^2$입니까?

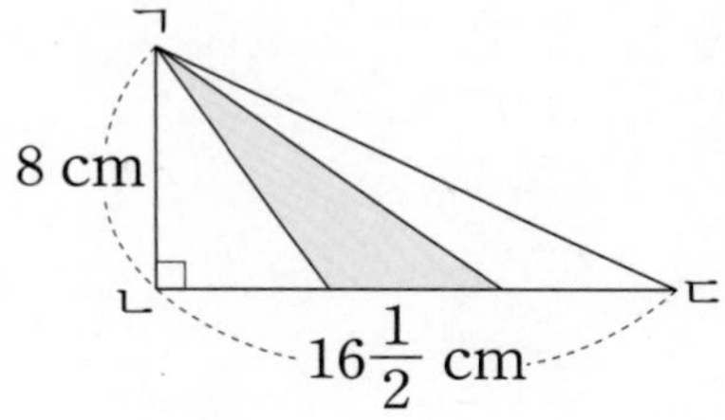


(　　　　　　　　) $cm^2$

**12** 어떤 수에 6을 곱한 후 5로 나누었더니 $9\frac{3}{5}$이 되었습니다. 어떤 수의 3배는 얼마입니까?

(　　　　　　　　)

**13** 밑면이 칠각형인 각뿔에서 면의 수와 꼭짓점의 수의 합은 몇 개입니까?

( )개

**14** 밑면이 서로 합동인 두 입체도형이 있습니다. 이 두 입체도형의 밑면을 꼭 맞닿게 붙였을 때, 생기는 입체도형의 모서리의 수는 몇 개입니까?

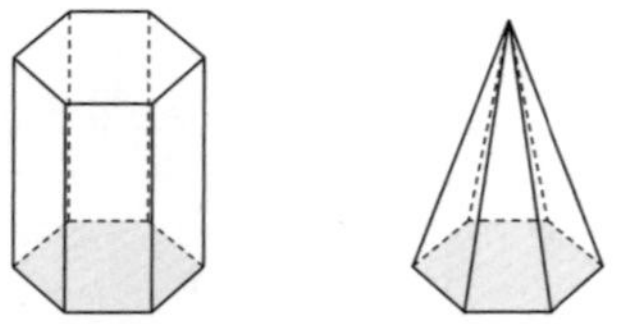

( )개

**15** 가로가 12.4 m, 세로가 18 m인 직사각형 모양의 꽃밭이 있습니다. 이 꽃밭의 세로를 3 m 줄이고 넓이를 같게 하려면 가로를 ㉠ m 늘여야 합니다. ㉠$\times$100의 값은 얼마입니까?

( )

**16** 길이가 30 cm인 종이를 45장 연결하여 긴 테이프를 만들었습니다. 이때, 풀칠하는 부분을 일정하게 하여 겹쳐지도록 연결했더니 긴 테이프 전체 길이가 1275.2 cm가 되었습니다. 풀칠한 한 부분의 길이를 ㉠ cm라고 할 때 ㉠$\times$10의 값은 얼마입니까?

(　　　　　　　　　　)

**17** 오른쪽과 같이 나누어진 사다리꼴에서 사각형 ㉯의 넓이는 삼각형 ㉮의 넓이의 몇 %입니까?

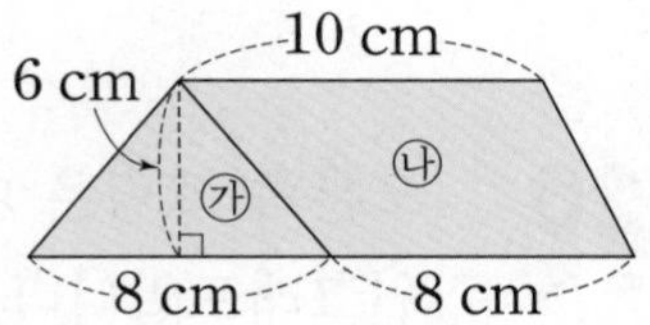


(　　　　　　　　　　) %

**18** 구슬을 웅이는 129개, 가영이는 171개 가지고 있습니다. 웅이와 가영이가 가진 구슬 수의 비가 2 : 3이 되게 하려면 웅이는 가영이에게 몇 개의 구슬을 주어야 합니까?

(　　　　　　　　　　)개

**19** 영수네 학교 학생 300명의 장래 희망을 조사하여 나타낸 띠그래프입니다. 띠그래프의 전체 길이가 30 cm일 때, 장래 희망이 연예인인 학생은 장래 희망이 선생님인 학생보다 몇 명 더 많습니까?

장래 희망별 학생 수

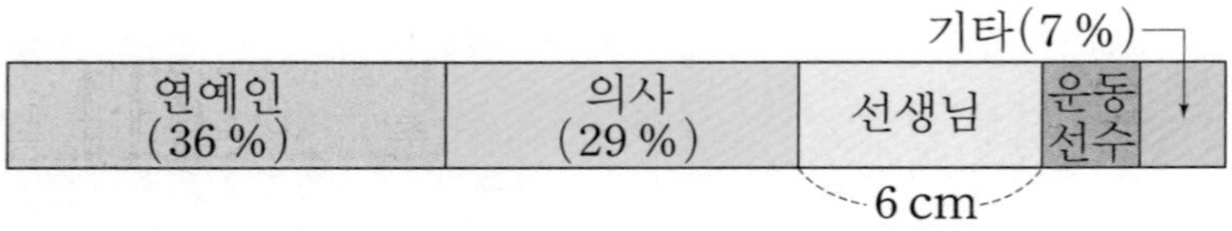


( )명

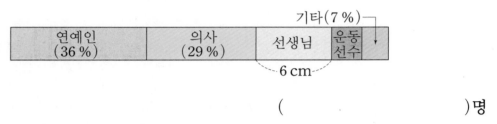

**20** 오른쪽 그림은 어느 지역의 의료 시설 수를 조사하여 나타낸 원그래프입니다. 이 지역의 의료 시설이 모두 400곳이고 치과가 62곳일 때, 한의원은 몇 곳입니까?

( )곳

의료 시설 수

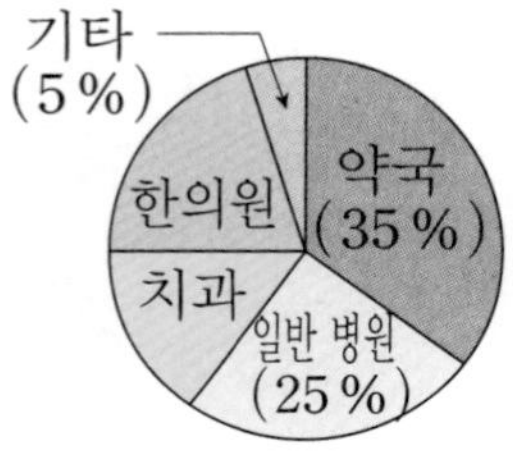


교과서 심화 과정

**21** ★에 알맞은 수는 얼마입니까?

$6\frac{1}{4}\times2\div5=⊙$ $\quad$ $⊙\times8\div▲=3\frac{1}{3}$ $\quad$ $▲\times2\frac{2}{3}\div4=★$

( )

**22** 오른쪽 그림은 왼쪽 직육면체의 전개도입니다. 직육면체의 전개도에서 색칠한 부분의 둘레는 몇 cm입니까?

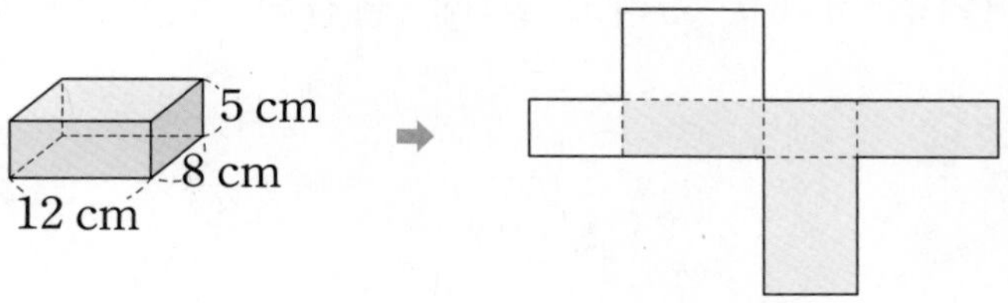


( ) cm

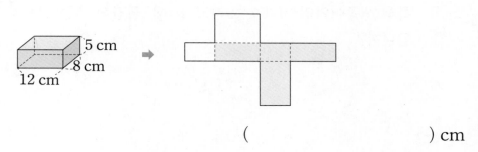

**23** 그림과 같이 둘레가 100.8 m인 직사각형 모양의 밭이 있습니다. 이 밭의 둘레에 일정한 폭으로 둑을 쌓고, 둑 바깥의 둘레를 재어 보니 118.4 m였습니다. 이 둑의 폭을 ㉠ m라 할 때 ㉠$\times$10의 값은 얼마입니까?

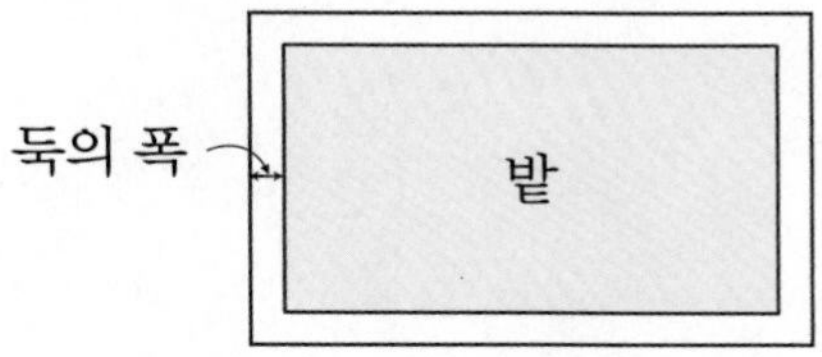


( )

**24** 각 자리 숫자 중에서 두 숫자만 짝수인 세 자리 자연수는 세 자리 자연수 전체의 몇 % 입니까? (단, 0은 짝수로 보고, 답은 소수 첫째 자리에서 반올림합니다.)

( ) %

**25** 예슬이가 가지고 있는 360장의 색종이를 색깔별로 조사하여 나타낸 원그래프입니다. 주황색과 빨간색 색종이를 합한 것과 초록색 색종이와의 비가 7 : 9라고 할 때, 빨간색 색종이는 몇 장입니까?

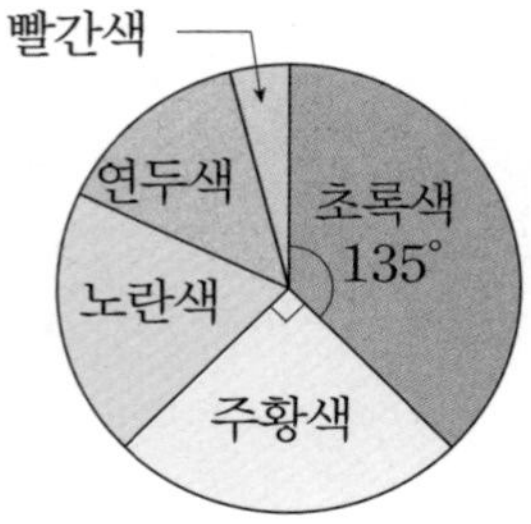


( )장

창의 사고력 도전 문제

**26** 가영이는 어머니께 받은 용돈을 모두 사용하여 ㉮ 물건 1개, ㉯ 물건 14개를 샀습니다. ㉮ 물건 한 개의 값은 어머니께 받은 용돈의 $\frac{5}{12}$이고, ㉯ 물건 한 개의 값보다 1800원이 더 비싸다고 합니다. 어머니께 받은 용돈을 모두 100원짜리 동전으로 바꾸면 동전은 모두 몇 개입니까?

( )개

**27** 밑면은 한 변의 길이가 8 cm인 정오각형이고 높이가 12 cm인 오각기둥이 있습니다. 이 오각기둥의 전개도를 그릴 때, 둘레가 가장 긴 전개도의 둘레는 몇 cm입니까?

( ) cm

**28** ㉮, ㉯ 두 트럭이 각각 A, B 두 지점에서 동시에 서로 마주 보고 출발하여 한 시간에 ㉮는 54 km, ㉯는 66 km의 빠르기로 달렸습니다. ㉮와 ㉯는 각각 B, A에 도착한 후 바로 같은 빠르기로 왔던 길을 따라 다시 A와 B를 향해 달렸습니다. 두 트럭이 각 지점에서 출발하여 두 번째로 만날 때까지 4시간 48분이 걸렸다면, A, B 두 지점 사이의 거리는 몇 km입니까?

( ) km

**29** A, B 두 사람이 하면 25일이 걸리는 일이 있습니다. 이 일을 A, B 두 사람이 18일간 함께 일한 후 B는 아파서 3일간 쉬고 A 혼자서 일했습니다. 그 후 A, B는 8일 동안 함께 일하여 나머지 일을 끝냈는데 B는 처음의 $\frac{1}{4}$만큼씩만 일했습니다. 이 일을 A 혼자서 하면 며칠이 걸리겠습니까?

( )일

**30** 오른쪽 원그래프는 A, B, C 세 명의 저금액을 조사하여 나타낸 것입니다. 이 중 A의 저금액은 20400원이고 각자의 저금액에서 10600원씩을 찾아서 썼습니다. 남아 있는 저금액을 전체 길이가 15 cm인 띠그래프로 그릴 때, B가 차지하는 부분의 길이는 몇 cm입니까?

학생별 저금액

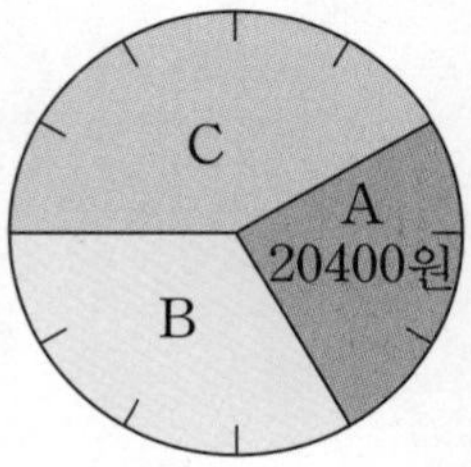


( ) cm

Memo

KMA 한국수학학력평가

학 교 명:

성 명:

현재 학년: 반:

| 수험번호 (1) | | | | | | | | | | | | |
|---|---|---|---|---|---|---|---|---|---|---|---|---|
| | | – | | | | – | | – | | | | |
| 0 | 0 | | 0 | 0 | 0 | | | | 0 | 0 | 0 | 0 |
| 1 | 1 | | 1 | 1 | 1 | | 1 | | 1 | 1 | 1 | 1 |
| 2 | 2 | | 2 | 2 | 2 | | 2 | | 2 | 2 | 2 | 2 |
| 3 | 3 | | 3 | 3 | 3 | | 3 | | 3 | 3 | 3 | 3 |
| 4 | 4 | | 4 | 4 | 4 | – | 4 | – | 4 | 4 | 4 | 4 |
| 5 | 5 | | 5 | 5 | 5 | | 5 | | 5 | 5 | 5 | 5 |
| 6 | 6 | | 6 | 6 | 6 | | 6 | | 6 | 6 | 6 | 6 |
| 7 | 7 | | 7 | 7 | 7 | | 7 | | 7 | 7 | 7 | 7 |
| 8 | 8 | | 8 | 8 | 8 | | 8 | | 8 | 8 | 8 | 8 |
| 9 | 9 | | 9 | 9 | 9 | | 9 | | 9 | 9 | 9 | 9 |

| 생년월일 (2) | | | | | |
|---|---|---|---|---|---|
| 년 | | 월 | | 일 | |
| 0 | 0 | 0 | 0 | 0 | 0 |
| 1 | 1 | 1 | 1 | 1 | 1 |
| 2 | 2 | | 2 | 2 | 2 |
| 3 | 3 | | 3 | 3 | 3 |
| 4 | 4 | | 4 | | 4 |
| 5 | 5 | | 5 | | 5 |
| 6 | 6 | | 6 | | 6 |
| 7 | 7 | | 7 | | 7 |
| 8 | 8 | | 8 | | 8 |
| 9 | 9 | | 9 | | 9 |

| 감독자 확인란 |
|---|
| |

| 번호 | 1번 | | | 2번 | | | 3번 | | | 4번 | | | 5번 | | | 6번 | | | 7번 | | | 8번 | | | 9번 | | | 10번 | | |
|---|---|---|---|---|---|---|---|---|---|---|---|---|---|---|---|---|---|---|---|---|---|---|---|---|---|---|---|---|---|---|
| 답란 | 백 | 십 | 일 | 백 | 십 | 일 | 백 | 십 | 일 | 백 | 십 | 일 | 백 | 십 | 일 | 백 | 십 | 일 | 백 | 십 | 일 | 백 | 십 | 일 | 백 | 십 | 일 | 백 | 십 | 일 |
| 답표기란 | | 0 | 0 | | 0 | 0 | | 0 | 0 | | 0 | 0 | | 0 | 0 | | 0 | 0 | | 0 | 0 | | 0 | 0 | | 0 | 0 | | 0 | 0 |
| | 1 | 1 | 1 | 1 | 1 | 1 | 1 | 1 | 1 | 1 | 1 | 1 | 1 | 1 | 1 | 1 | 1 | 1 | 1 | 1 | 1 | 1 | 1 | 1 | 1 | 1 | 1 | 1 | 1 | 1 |
| | 2 | 2 | 2 | 2 | 2 | 2 | 2 | 2 | 2 | 2 | 2 | 2 | 2 | 2 | 2 | 2 | 2 | 2 | 2 | 2 | 2 | 2 | 2 | 2 | 2 | 2 | 2 | 2 | 2 | 2 |
| | 3 | 3 | 3 | 3 | 3 | 3 | 3 | 3 | 3 | 3 | 3 | 3 | 3 | 3 | 3 | 3 | 3 | 3 | 3 | 3 | 3 | 3 | 3 | 3 | 3 | 3 | 3 | 3 | 3 | 3 |
| | 4 | 4 | 4 | 4 | 4 | 4 | 4 | 4 | 4 | 4 | 4 | 4 | 4 | 4 | 4 | 4 | 4 | 4 | 4 | 4 | 4 | 4 | 4 | 4 | 4 | 4 | 4 | 4 | 4 | 4 |
| | 5 | 5 | 5 | 5 | 5 | 5 | 5 | 5 | 5 | 5 | 5 | 5 | 5 | 5 | 5 | 5 | 5 | 5 | 5 | 5 | 5 | 5 | 5 | 5 | 5 | 5 | 5 | 5 | 5 | 5 |
| | 6 | 6 | 6 | 6 | 6 | 6 | 6 | 6 | 6 | 6 | 6 | 6 | 6 | 6 | 6 | 6 | 6 | 6 | 6 | 6 | 6 | 6 | 6 | 6 | 6 | 6 | 6 | 6 | 6 | 6 |
| | 7 | 7 | 7 | 7 | 7 | 7 | 7 | 7 | 7 | 7 | 7 | 7 | 7 | 7 | 7 | 7 | 7 | 7 | 7 | 7 | 7 | 7 | 7 | 7 | 7 | 7 | 7 | 7 | 7 | 7 |
| | 8 | 8 | 8 | 8 | 8 | 8 | 8 | 8 | 8 | 8 | 8 | 8 | 8 | 8 | 8 | 8 | 8 | 8 | 8 | 8 | 8 | 8 | 8 | 8 | 8 | 8 | 8 | 8 | 8 | 8 |
| | 9 | 9 | 9 | 9 | 9 | 9 | 9 | 9 | 9 | 9 | 9 | 9 | 9 | 9 | 9 | 9 | 9 | 9 | 9 | 9 | 9 | 9 | 9 | 9 | 9 | 9 | 9 | 9 | 9 | 9 |

| 번호 | 11번 | | | 12번 | | | 13번 | | | 14번 | | | 15번 | | | 16번 | | | 17번 | | | 18번 | | | 19번 | | | 20번 | | |
|---|---|---|---|---|---|---|---|---|---|---|---|---|---|---|---|---|---|---|---|---|---|---|---|---|---|---|---|---|---|---|
| 답란 | 백 | 십 | 일 | 백 | 십 | 일 | 백 | 십 | 일 | 백 | 십 | 일 | 백 | 십 | 일 | 백 | 십 | 일 | 백 | 십 | 일 | 백 | 십 | 일 | 백 | 십 | 일 | 백 | 십 | 일 |
| 답표기란 | | 0 | 0 | | 0 | 0 | | 0 | 0 | | 0 | 0 | | 0 | 0 | | 0 | 0 | | 0 | 0 | | 0 | 0 | | 0 | 0 | | 0 | 0 |
| | 1 | 1 | 1 | 1 | 1 | 1 | 1 | 1 | 1 | 1 | 1 | 1 | 1 | 1 | 1 | 1 | 1 | 1 | 1 | 1 | 1 | 1 | 1 | 1 | 1 | 1 | 1 | 1 | 1 | 1 |
| | 2 | 2 | 2 | 2 | 2 | 2 | 2 | 2 | 2 | 2 | 2 | 2 | 2 | 2 | 2 | 2 | 2 | 2 | 2 | 2 | 2 | 2 | 2 | 2 | 2 | 2 | 2 | 2 | 2 | 2 |
| | 3 | 3 | 3 | 3 | 3 | 3 | 3 | 3 | 3 | 3 | 3 | 3 | 3 | 3 | 3 | 3 | 3 | 3 | 3 | 3 | 3 | 3 | 3 | 3 | 3 | 3 | 3 | 3 | 3 | 3 |
| | 4 | 4 | 4 | 4 | 4 | 4 | 4 | 4 | 4 | 4 | 4 | 4 | 4 | 4 | 4 | 4 | 4 | 4 | 4 | 4 | 4 | 4 | 4 | 4 | 4 | 4 | 4 | 4 | 4 | 4 |
| | 5 | 5 | 5 | 5 | 5 | 5 | 5 | 5 | 5 | 5 | 5 | 5 | 5 | 5 | 5 | 5 | 5 | 5 | 5 | 5 | 5 | 5 | 5 | 5 | 5 | 5 | 5 | 5 | 5 | 5 |
| | 6 | 6 | 6 | 6 | 6 | 6 | 6 | 6 | 6 | 6 | 6 | 6 | 6 | 6 | 6 | 6 | 6 | 6 | 6 | 6 | 6 | 6 | 6 | 6 | 6 | 6 | 6 | 6 | 6 | 6 |
| | 7 | 7 | 7 | 7 | 7 | 7 | 7 | 7 | 7 | 7 | 7 | 7 | 7 | 7 | 7 | 7 | 7 | 7 | 7 | 7 | 7 | 7 | 7 | 7 | 7 | 7 | 7 | 7 | 7 | 7 |
| | 8 | 8 | 8 | 8 | 8 | 8 | 8 | 8 | 8 | 8 | 8 | 8 | 8 | 8 | 8 | 8 | 8 | 8 | 8 | 8 | 8 | 8 | 8 | 8 | 8 | 8 | 8 | 8 | 8 | 8 |
| | 9 | 9 | 9 | 9 | 9 | 9 | 9 | 9 | 9 | 9 | 9 | 9 | 9 | 9 | 9 | 9 | 9 | 9 | 9 | 9 | 9 | 9 | 9 | 9 | 9 | 9 | 9 | 9 | 9 | 9 |

| 번호 | 21번 | | | 22번 | | | 23번 | | | 24번 | | | 25번 | | | 26번 | | | 27번 | | | 28번 | | | 29번 | | | 30번 | | |
|---|---|---|---|---|---|---|---|---|---|---|---|---|---|---|---|---|---|---|---|---|---|---|---|---|---|---|---|---|---|---|
| 답란 | 백 | 십 | 일 | 백 | 십 | 일 | 백 | 십 | 일 | 백 | 십 | 일 | 백 | 십 | 일 | 백 | 십 | 일 | 백 | 십 | 일 | 백 | 십 | 일 | 백 | 십 | 일 | 백 | 십 | 일 |
| 답표기란 | | 0 | 0 | | 0 | 0 | | 0 | 0 | | 0 | 0 | | 0 | 0 | | 0 | 0 | | 0 | 0 | | 0 | 0 | | 0 | 0 | | 0 | 0 |
| | 1 | 1 | 1 | 1 | 1 | 1 | 1 | 1 | 1 | 1 | 1 | 1 | 1 | 1 | 1 | 1 | 1 | 1 | 1 | 1 | 1 | 1 | 1 | 1 | 1 | 1 | 1 | 1 | 1 | 1 |
| | 2 | 2 | 2 | 2 | 2 | 2 | 2 | 2 | 2 | 2 | 2 | 2 | 2 | 2 | 2 | 2 | 2 | 2 | 2 | 2 | 2 | 2 | 2 | 2 | 2 | 2 | 2 | 2 | 2 | 2 |
| | 3 | 3 | 3 | 3 | 3 | 3 | 3 | 3 | 3 | 3 | 3 | 3 | 3 | 3 | 3 | 3 | 3 | 3 | 3 | 3 | 3 | 3 | 3 | 3 | 3 | 3 | 3 | 3 | 3 | 3 |
| | 4 | 4 | 4 | 4 | 4 | 4 | 4 | 4 | 4 | 4 | 4 | 4 | 4 | 4 | 4 | 4 | 4 | 4 | 4 | 4 | 4 | 4 | 4 | 4 | 4 | 4 | 4 | 4 | 4 | 4 |
| | 5 | 5 | 5 | 5 | 5 | 5 | 5 | 5 | 5 | 5 | 5 | 5 | 5 | 5 | 5 | 5 | 5 | 5 | 5 | 5 | 5 | 5 | 5 | 5 | 5 | 5 | 5 | 5 | 5 | 5 |
| | 6 | 6 | 6 | 6 | 6 | 6 | 6 | 6 | 6 | 6 | 6 | 6 | 6 | 6 | 6 | 6 | 6 | 6 | 6 | 6 | 6 | 6 | 6 | 6 | 6 | 6 | 6 | 6 | 6 | 6 |
| | 7 | 7 | 7 | 7 | 7 | 7 | 7 | 7 | 7 | 7 | 7 | 7 | 7 | 7 | 7 | 7 | 7 | 7 | 7 | 7 | 7 | 7 | 7 | 7 | 7 | 7 | 7 | 7 | 7 | 7 |
| | 8 | 8 | 8 | 8 | 8 | 8 | 8 | 8 | 8 | 8 | 8 | 8 | 8 | 8 | 8 | 8 | 8 | 8 | 8 | 8 | 8 | 8 | 8 | 8 | 8 | 8 | 8 | 8 | 8 | 8 |
| | 9 | 9 | 9 | 9 | 9 | 9 | 9 | 9 | 9 | 9 | 9 | 9 | 9 | 9 | 9 | 9 | 9 | 9 | 9 | 9 | 9 | 9 | 9 | 9 | 9 | 9 | 9 | 9 | 9 | 9 |

1. 모든 항목은 컴퓨터용 사인펜만 사용하여 보기와 같이 표기하시오.
   보기)
   ※ 잘못된 표기 예시 :
2. 수정시에는 수정테이프를 이용하여 깨끗하게 수정합니다.
3. 수험번호(1), 생년월일(2)란에는 감독 선생님의 지시에 따라 아라비아 숫자로 쓰고 해당란에 표기하시오.
4. 답란에는 아라비아 숫자를 쓰고, 해당란에 표기하시오.
   ※ OMR카드를 잘못 작성하여 발생한 성적 결과는 책임지지 않습니다.

**OMR 카드 답안작성 예시 1**

**한 자릿수**

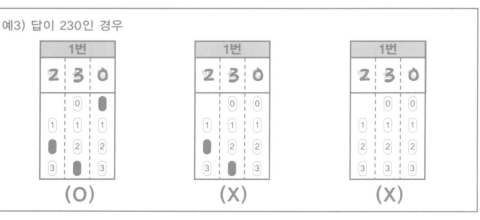

예1) 답이 1 또는 선다형 답이 ①인 경우

(O) (X) (X)

**OMR 카드 답안작성 예시 2**

**두 자릿수**

예2) 답이 12인 경우

(O) (X) (X)

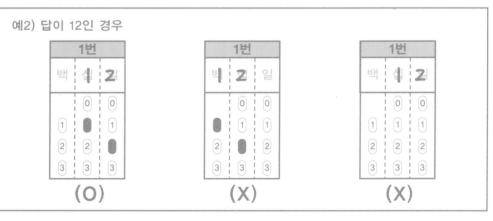

**OMR 카드 답안작성 예시 3**

**세 자릿수**

예3) 답이 230인 경우

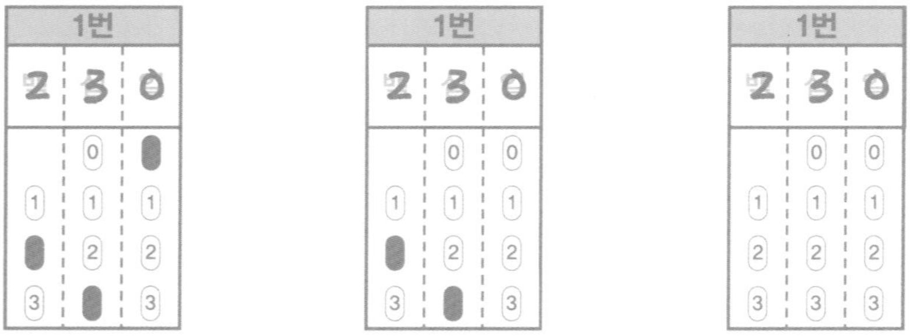


(O) (X) (X)

# KMA 한국수학학력평가

학 교 명:

성 명:

현재 학년: 반:

| 수험번호 (1) | | | | | | | | | | | | |
|---|---|---|---|---|---|---|---|---|---|---|---|---|
| | | – | | | | – | | – | | | | |
| 0 | 0 | | 0 | 0 | 0 | | | | 0 | 0 | 0 | 0 |
| 1 | 1 | | 1 | 1 | 1 | | 1 | | 1 | 1 | 1 | 1 |
| 2 | 2 | | 2 | 2 | 2 | | 2 | | 2 | 2 | 2 | 2 |
| 3 | 3 | | 3 | 3 | 3 | | 3 | | 3 | 3 | 3 | 3 |
| 4 | 4 | | 4 | 4 | 4 | – | 4 | – | 4 | 4 | 4 | 4 |
| 5 | 5 | | 5 | 5 | 5 | | 5 | | 5 | 5 | 5 | 5 |
| 6 | 6 | | 6 | 6 | 6 | | 6 | | 6 | 6 | 6 | 6 |
| 7 | 7 | | 7 | 7 | 7 | | 7 | | 7 | 7 | 7 | 7 |
| 8 | 8 | | 8 | 8 | 8 | | 8 | | 8 | 8 | 8 | 8 |
| 9 | 9 | | 9 | 9 | 9 | | 9 | | 9 | 9 | 9 | 9 |

| 생년월일 (2) | | | | | |
|---|---|---|---|---|---|
| 년 | | 월 | | 일 | |
| 0 | 0 | 0 | 0 | 0 | 0 |
| 1 | 1 | 1 | 1 | 1 | 1 |
| 2 | 2 | | 2 | 2 | 2 |
| 3 | 3 | | 3 | 3 | 3 |
| 4 | 4 | | 4 | | 4 |
| 5 | 5 | | 5 | | 5 |
| 6 | 6 | | 6 | | 6 |
| 7 | 7 | | 7 | | 7 |
| 8 | 8 | | 8 | | 8 |
| 9 | 9 | | 9 | | 9 |

감독자 확인란

| 번호 | 1번 | | | 2번 | | | 3번 | | | 4번 | | | 5번 | | | 6번 | | | 7번 | | | 8번 | | | 9번 | | | 10번 | | |
|---|---|---|---|---|---|---|---|---|---|---|---|---|---|---|---|---|---|---|---|---|---|---|---|---|---|---|---|---|---|---|
| 답란 | 백 | 십 | 일 | 백 | 십 | 일 | 백 | 십 | 일 | 백 | 십 | 일 | 백 | 십 | 일 | 백 | 십 | 일 | 백 | 십 | 일 | 백 | 십 | 일 | 백 | 십 | 일 | 백 | 십 | 일 |
| 답표기란 | | 0 | 0 | | 0 | 0 | | 0 | 0 | | 0 | 0 | | 0 | 0 | | 0 | 0 | | 0 | 0 | | 0 | 0 | | 0 | 0 | | 0 | 0 |
| | 1 | 1 | 1 | 1 | 1 | 1 | 1 | 1 | 1 | 1 | 1 | 1 | 1 | 1 | 1 | 1 | 1 | 1 | 1 | 1 | 1 | 1 | 1 | 1 | 1 | 1 | 1 | 1 | 1 | 1 |
| | 2 | 2 | 2 | 2 | 2 | 2 | 2 | 2 | 2 | 2 | 2 | 2 | 2 | 2 | 2 | 2 | 2 | 2 | 2 | 2 | 2 | 2 | 2 | 2 | 2 | 2 | 2 | 2 | 2 | 2 |
| | 3 | 3 | 3 | 3 | 3 | 3 | 3 | 3 | 3 | 3 | 3 | 3 | 3 | 3 | 3 | 3 | 3 | 3 | 3 | 3 | 3 | 3 | 3 | 3 | 3 | 3 | 3 | 3 | 3 | 3 |
| | 4 | 4 | 4 | 4 | 4 | 4 | 4 | 4 | 4 | 4 | 4 | 4 | 4 | 4 | 4 | 4 | 4 | 4 | 4 | 4 | 4 | 4 | 4 | 4 | 4 | 4 | 4 | 4 | 4 | 4 |
| | 5 | 5 | 5 | 5 | 5 | 5 | 5 | 5 | 5 | 5 | 5 | 5 | 5 | 5 | 5 | 5 | 5 | 5 | 5 | 5 | 5 | 5 | 5 | 5 | 5 | 5 | 5 | 5 | 5 | 5 |
| | 6 | 6 | 6 | 6 | 6 | 6 | 6 | 6 | 6 | 6 | 6 | 6 | 6 | 6 | 6 | 6 | 6 | 6 | 6 | 6 | 6 | 6 | 6 | 6 | 6 | 6 | 6 | 6 | 6 | 6 |
| | 7 | 7 | 7 | 7 | 7 | 7 | 7 | 7 | 7 | 7 | 7 | 7 | 7 | 7 | 7 | 7 | 7 | 7 | 7 | 7 | 7 | 7 | 7 | 7 | 7 | 7 | 7 | 7 | 7 | 7 |
| | 8 | 8 | 8 | 8 | 8 | 8 | 8 | 8 | 8 | 8 | 8 | 8 | 8 | 8 | 8 | 8 | 8 | 8 | 8 | 8 | 8 | 8 | 8 | 8 | 8 | 8 | 8 | 8 | 8 | 8 |
| | 9 | 9 | 9 | 9 | 9 | 9 | 9 | 9 | 9 | 9 | 9 | 9 | 9 | 9 | 9 | 9 | 9 | 9 | 9 | 9 | 9 | 9 | 9 | 9 | 9 | 9 | 9 | 9 | 9 | 9 |

| 번호 | 11번 | | | 12번 | | | 13번 | | | 14번 | | | 15번 | | | 16번 | | | 17번 | | | 18번 | | | 19번 | | | 20번 | | |
|---|---|---|---|---|---|---|---|---|---|---|---|---|---|---|---|---|---|---|---|---|---|---|---|---|---|---|---|---|---|---|
| 답란 | 백 | 십 | 일 | 백 | 십 | 일 | 백 | 십 | 일 | 백 | 십 | 일 | 백 | 십 | 일 | 백 | 십 | 일 | 백 | 십 | 일 | 백 | 십 | 일 | 백 | 십 | 일 | 백 | 십 | 일 |
| 답표기란 | | 0 | 0 | | 0 | 0 | | 0 | 0 | | 0 | 0 | | 0 | 0 | | 0 | 0 | | 0 | 0 | | 0 | 0 | | 0 | 0 | | 0 | 0 |
| | 1 | 1 | 1 | 1 | 1 | 1 | 1 | 1 | 1 | 1 | 1 | 1 | 1 | 1 | 1 | 1 | 1 | 1 | 1 | 1 | 1 | 1 | 1 | 1 | 1 | 1 | 1 | 1 | 1 | 1 |
| | 2 | 2 | 2 | 2 | 2 | 2 | 2 | 2 | 2 | 2 | 2 | 2 | 2 | 2 | 2 | 2 | 2 | 2 | 2 | 2 | 2 | 2 | 2 | 2 | 2 | 2 | 2 | 2 | 2 | 2 |
| | 3 | 3 | 3 | 3 | 3 | 3 | 3 | 3 | 3 | 3 | 3 | 3 | 3 | 3 | 3 | 3 | 3 | 3 | 3 | 3 | 3 | 3 | 3 | 3 | 3 | 3 | 3 | 3 | 3 | 3 |
| | 4 | 4 | 4 | 4 | 4 | 4 | 4 | 4 | 4 | 4 | 4 | 4 | 4 | 4 | 4 | 4 | 4 | 4 | 4 | 4 | 4 | 4 | 4 | 4 | 4 | 4 | 4 | 4 | 4 | 4 |
| | 5 | 5 | 5 | 5 | 5 | 5 | 5 | 5 | 5 | 5 | 5 | 5 | 5 | 5 | 5 | 5 | 5 | 5 | 5 | 5 | 5 | 5 | 5 | 5 | 5 | 5 | 5 | 5 | 5 | 5 |
| | 6 | 6 | 6 | 6 | 6 | 6 | 6 | 6 | 6 | 6 | 6 | 6 | 6 | 6 | 6 | 6 | 6 | 6 | 6 | 6 | 6 | 6 | 6 | 6 | 6 | 6 | 6 | 6 | 6 | 6 |
| | 7 | 7 | 7 | 7 | 7 | 7 | 7 | 7 | 7 | 7 | 7 | 7 | 7 | 7 | 7 | 7 | 7 | 7 | 7 | 7 | 7 | 7 | 7 | 7 | 7 | 7 | 7 | 7 | 7 | 7 |
| | 8 | 8 | 8 | 8 | 8 | 8 | 8 | 8 | 8 | 8 | 8 | 8 | 8 | 8 | 8 | 8 | 8 | 8 | 8 | 8 | 8 | 8 | 8 | 8 | 8 | 8 | 8 | 8 | 8 | 8 |
| | 9 | 9 | 9 | 9 | 9 | 9 | 9 | 9 | 9 | 9 | 9 | 9 | 9 | 9 | 9 | 9 | 9 | 9 | 9 | 9 | 9 | 9 | 9 | 9 | 9 | 9 | 9 | 9 | 9 | 9 |

| 번호 | 21번 | | | 22번 | | | 23번 | | | 24번 | | | 25번 | | | 26번 | | | 27번 | | | 28번 | | | 29번 | | | 30번 | | |
|---|---|---|---|---|---|---|---|---|---|---|---|---|---|---|---|---|---|---|---|---|---|---|---|---|---|---|---|---|---|---|
| 답란 | 백 | 십 | 일 | 백 | 십 | 일 | 백 | 십 | 일 | 백 | 십 | 일 | 백 | 십 | 일 | 백 | 십 | 일 | 백 | 십 | 일 | 백 | 십 | 일 | 백 | 십 | 일 | 백 | 십 | 일 |
| 답표기란 | | 0 | 0 | | 0 | 0 | | 0 | 0 | | 0 | 0 | | 0 | 0 | | 0 | 0 | | 0 | 0 | | 0 | 0 | | 0 | 0 | | 0 | 0 |
| | 1 | 1 | 1 | 1 | 1 | 1 | 1 | 1 | 1 | 1 | 1 | 1 | 1 | 1 | 1 | 1 | 1 | 1 | 1 | 1 | 1 | 1 | 1 | 1 | 1 | 1 | 1 | 1 | 1 | 1 |
| | 2 | 2 | 2 | 2 | 2 | 2 | 2 | 2 | 2 | 2 | 2 | 2 | 2 | 2 | 2 | 2 | 2 | 2 | 2 | 2 | 2 | 2 | 2 | 2 | 2 | 2 | 2 | 2 | 2 | 2 |
| | 3 | 3 | 3 | 3 | 3 | 3 | 3 | 3 | 3 | 3 | 3 | 3 | 3 | 3 | 3 | 3 | 3 | 3 | 3 | 3 | 3 | 3 | 3 | 3 | 3 | 3 | 3 | 3 | 3 | 3 |
| | 4 | 4 | 4 | 4 | 4 | 4 | 4 | 4 | 4 | 4 | 4 | 4 | 4 | 4 | 4 | 4 | 4 | 4 | 4 | 4 | 4 | 4 | 4 | 4 | 4 | 4 | 4 | 4 | 4 | 4 |
| | 5 | 5 | 5 | 5 | 5 | 5 | 5 | 5 | 5 | 5 | 5 | 5 | 5 | 5 | 5 | 5 | 5 | 5 | 5 | 5 | 5 | 5 | 5 | 5 | 5 | 5 | 5 | 5 | 5 | 5 |
| | 6 | 6 | 6 | 6 | 6 | 6 | 6 | 6 | 6 | 6 | 6 | 6 | 6 | 6 | 6 | 6 | 6 | 6 | 6 | 6 | 6 | 6 | 6 | 6 | 6 | 6 | 6 | 6 | 6 | 6 |
| | 7 | 7 | 7 | 7 | 7 | 7 | 7 | 7 | 7 | 7 | 7 | 7 | 7 | 7 | 7 | 7 | 7 | 7 | 7 | 7 | 7 | 7 | 7 | 7 | 7 | 7 | 7 | 7 | 7 | 7 |
| | 8 | 8 | 8 | 8 | 8 | 8 | 8 | 8 | 8 | 8 | 8 | 8 | 8 | 8 | 8 | 8 | 8 | 8 | 8 | 8 | 8 | 8 | 8 | 8 | 8 | 8 | 8 | 8 | 8 | 8 |
| | 9 | 9 | 9 | 9 | 9 | 9 | 9 | 9 | 9 | 9 | 9 | 9 | 9 | 9 | 9 | 9 | 9 | 9 | 9 | 9 | 9 | 9 | 9 | 9 | 9 | 9 | 9 | 9 | 9 | 9 |

1. 모든 항목은 컴퓨터용 사인펜만 사용하여 보기와 같이 표기하시오.
   보기) ① ● ③
   ※ 잘못된 표기 예시 :
2. 수정시에는 수정테이프를 이용하여 깨끗하게 수정합니다.
3. 수험번호(1), 생년월일(2)란에는 감독 선생님의 지시에 따라 아라비아 숫자로 쓰고 해당란에 표기하시오.
4. 답란에는 아라비아 숫자를 쓰고, 해당란에 표기하시오.
   ※ OMR카드를 잘못 작성하여 발생한 성적 결과는 책임지지 않습니다.

OMR 카드
답안작성
예시 1

한 자릿수

예1) 답이 1 또는 선다형 답이 ①인 경우

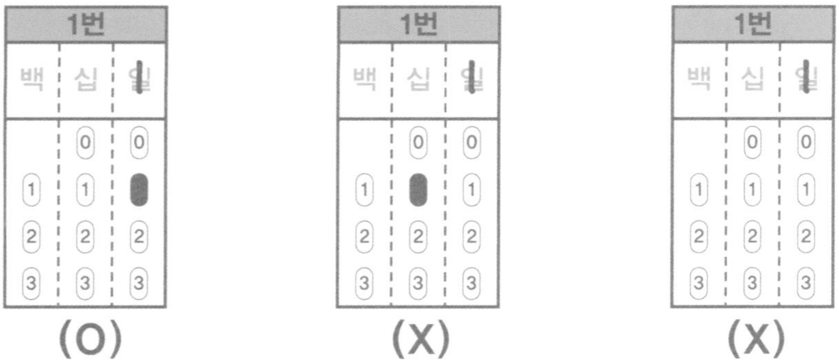

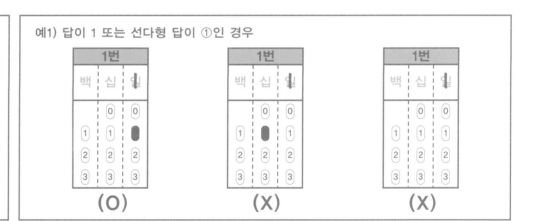

OMR 카드
답안작성
예시 2

두 자릿수

예2) 답이 12인 경우

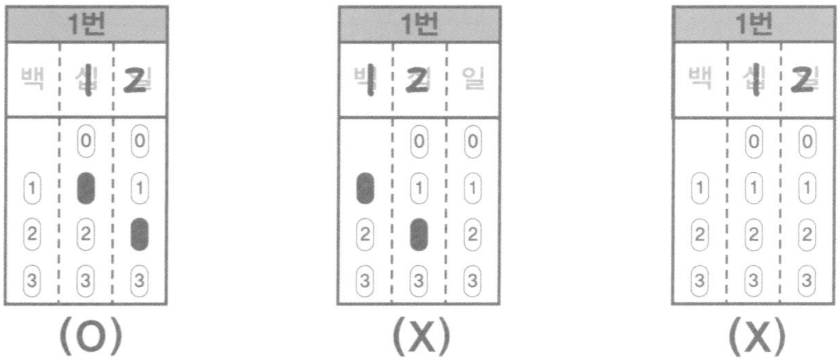

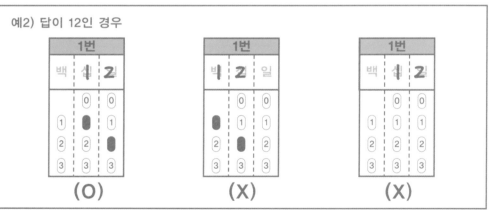

OMR 카드
답안작성
예시 3

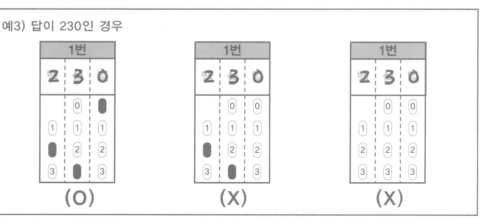

세 자릿수

예3) 답이 230인 경우

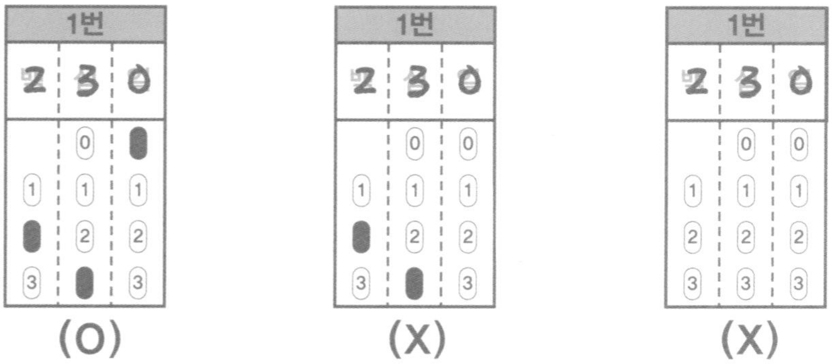

초등 왕수학

초등 왕수학

# KMA

Korean Mathematics Ability Evaluation

## 한국수학학력평가

상반기 대비

# 정답과 풀이

초 6학년

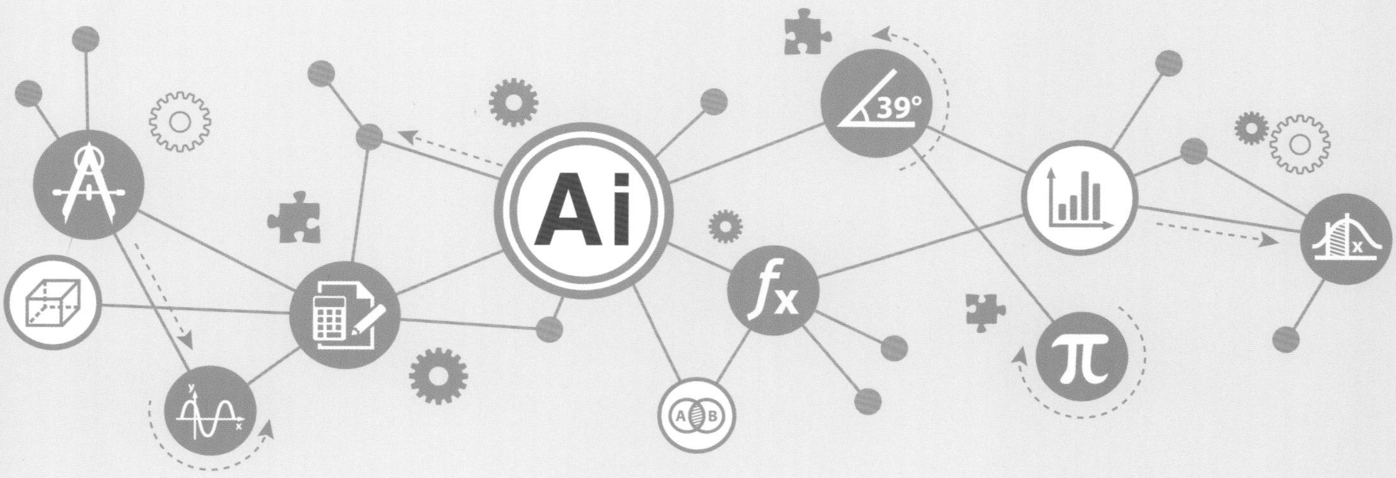

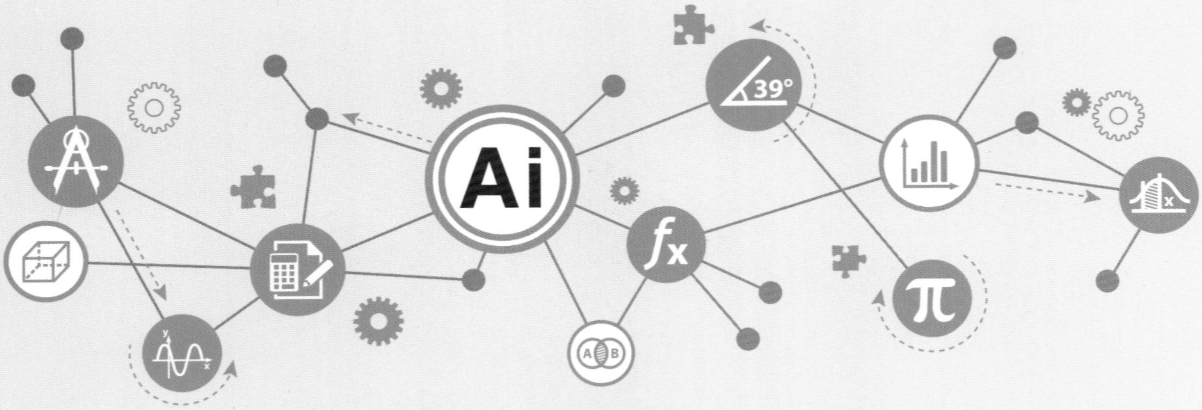
Ai
39°

# KMA

Korean Mathematics Ability Evaluation

## 한국수학학력평가

상반기 대비

# 정답과 풀이

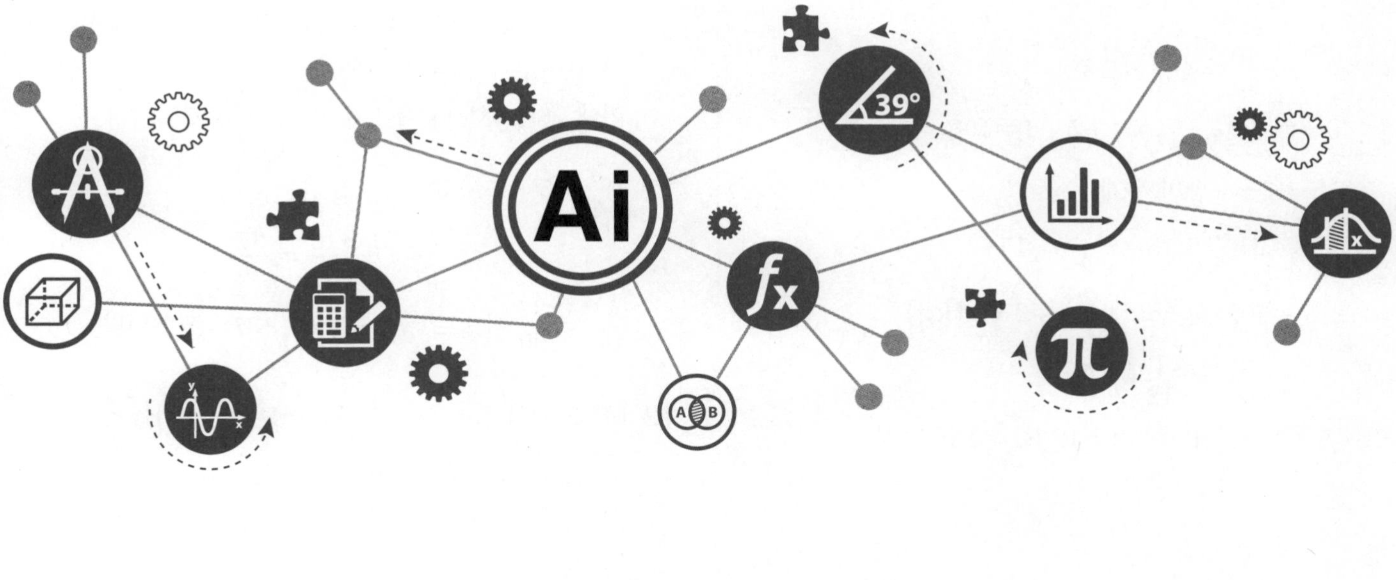

## KMA 단원 평가

### 1 분수의 나눗셈 8~17쪽

| | | | | | |
|---|---|---|---|---|---|
| 01 | 5 | 02 | ③ | 03 | ⑤ |
| 04 | 10 | 05 | 15 | 06 | 113 |
| 07 | ④ | 08 | 11 | 09 | 4 |
| 10 | 17 | 11 | 5 | 12 | 97 |
| 13 | 13 | 14 | 42 | 15 | 10 |
| 16 | 9 | 17 | 9 | 18 | 23 |
| 19 | 6 | 20 | 144 | 21 | 13 |
| 22 | 8 | 23 | 16 | 24 | 11 |
| 25 | 4 | 26 | 35 | 27 | 8 |
| 28 | 4 | 29 | 29 | 30 | 9 |

**01** $4\frac{2}{3}\div7=\frac{14}{3}\div7=\frac{2}{3}$

$\frac{\text{㉡}}{\text{㉠}}=\frac{2}{3}$이므로 ㉠+㉡=3+2=5입니다.

**02** ① $8\frac{1}{2}\div11=\frac{17}{2}\div11=\frac{17}{2}\times\frac{1}{11}=\frac{17}{22}$

② $9\frac{4}{5}\div7=\frac{49}{5}\div7=\frac{\overset{7}{\cancel{49}}}{5}\times\frac{1}{\underset{1}{\cancel{7}}}=\frac{7}{5}=1\frac{2}{5}$

③ $7\frac{1}{2}\div3=\frac{15}{2}\div3=\frac{\overset{5}{\cancel{15}}}{2}\times\frac{1}{\underset{1}{\cancel{3}}}=\frac{5}{2}=2\frac{1}{2}$

**03** $\frac{5}{9}\times4\div3=\frac{5\times4}{9}\div3=\frac{5\times4}{9\times3}=\frac{20}{27}$

**04** (평행사변형의 밑변)

$=12\frac{3}{5}\div3=\frac{63}{5}\div3=\frac{21}{5}=4\frac{1}{5}$(cm)

$\text{㉠}\frac{\text{㉢}}{\text{㉡}}=4\frac{1}{5}$이므로

㉠+㉡+㉢=4+5+1=10입니다.

**05** (벽돌 1장의 무게)

$=31\frac{1}{4}\div15=\frac{125}{4}\div15$

$=\frac{125}{4}\times\frac{1}{15}=\frac{25}{12}=2\frac{1}{12}$(kg)

$\text{㉠}\frac{\text{㉢}}{\text{㉡}}=2\frac{1}{12}$이므로

㉠+㉡+㉢=2+12+1=15입니다.

**06** (깃발 사이의 간격)

$=78\frac{2}{5}\div12=\frac{392}{5}\div12$

$=\frac{\overset{98}{\cancel{392}}}{5}\times\frac{1}{\underset{3}{\cancel{12}}}=\frac{98}{15}$(m)

$\frac{\text{㉡}}{\text{㉠}}=\frac{98}{15}$이므로

㉠+㉡=15+98=113입니다.

**07** $\frac{9}{11}\div6=\frac{9}{11}\times\frac{1}{6}=\frac{9}{11\times6}=\frac{9}{66}=\frac{3}{22}$

**08** 가장 작은 수는 $\frac{14}{9}$이고 가장 큰 수는 7이므로

$\frac{14}{9}\div7=\frac{14\div7}{9}=\frac{2}{9}$입니다.

$\frac{\text{㉡}}{\text{㉠}}=\frac{2}{9}$이므로 9+2=11입니다.

**09** 계산 결과가 대분수이려면

(나누어지는 수)>(나누는 수)

이어야 하므로 ㉯, ㉰, ㉱, ㉲로 4개입니다.

**10** $\square\div6\times4=4\frac{1}{4}$

→ $\square=4\frac{1}{4}\div4\times6=\frac{51}{8}=6\frac{3}{8}$

$\text{㉠}\frac{\text{㉢}}{\text{㉡}}=6\frac{3}{8}$이므로

㉠+㉡+㉢=6+8+3=17입니다.

**11** $10\frac{\text{㉮}}{13}\div135\times39$

$=\frac{(130+\text{㉮})\times39}{13\times135}=\frac{130+\text{㉮}}{45}$

이므로 130+㉮는 45의 배수이어야 계산 결과가 자연수가 됩니다.

이때 ㉮는 13보다 작은 수이므로 ㉮=5입니다.

**12** $1\frac{3}{4}\div5+\frac{4}{5}\div3=\frac{7}{20}+\frac{4}{15}$

$=\frac{21+16}{60}=\frac{37}{60}$

$\frac{\text{㉡}}{\text{㉠}}=\frac{37}{60}$이므로 ㉠+㉡=60+37=97입니다.

**13** (한 도막의 길이)$=7\frac{1}{2}\div3\div4=\frac{5}{8}$(m)

$\frac{\text{㉡}}{\text{㉠}}=\frac{5}{8}$이므로 ㉠+㉡=8+5=13입니다.

**14** 색칠한 삼각형의 밑변은

$22\frac{2}{5}\div4=\frac{112\div4}{5}=\frac{28}{5}$(cm)이므로

색칠한 삼각형의 넓이는

$\frac{28}{5}\times15\times\frac{1}{2}=\frac{28}{5}\times\frac{15}{2}=42(\text{cm}^2)$입니다.

**15** (소금이 든 통 1개의 무게)

$=10\frac{4}{5}\div6+\frac{4}{5}=\frac{9}{5}+\frac{4}{5}=\frac{13}{5}=2\frac{3}{5}$(kg)

$\text{㉠}\frac{\text{㉢}}{\text{㉡}}=2\frac{3}{5}$이므로

㉠+㉡+㉢=2+5+3=10입니다.

**16** (한 사람이 가지는 설탕의 양)

$=2\frac{2}{5}\times4\div6=\frac{8}{5}=1\frac{3}{5}$(kg)

$\text{㉠}\frac{\text{㉢}}{\text{㉡}}=1\frac{3}{5}$이므로

㉠+㉡+㉢=1+5+3=9입니다.

**17** $5\frac{4}{9}\times\square\div7=\frac{\overset{7}{\cancel{49}}\times\square}{9\times\underset{1}{\cancel{7}}}=\frac{7\times\square}{9}$가 자연수가

되어야 하므로 □ 안에는 9의 배수가 들어가야 합니다.

따라서 □ 안에 들어갈 수 있는 가장 작은 자연수는 9입니다.

**18** 나눗셈에서 나누어지는 수가 같을 때 나누는 수가 작으면 몫이 커지고, 나누는 수가 크면 몫이 작아집니다.

따라서 5로 나눌 때 몫이 가장 크고 18로 나눌 때 몫이 가장 작습니다.

□를 5, 7, 9, 18의 최소공배수인 630이라 하면 630÷5=126이고, 630÷18=35이므로

$126\div35=\frac{18}{5}$(배)입니다.

$\frac{\text{㉡}}{\text{㉠}}=\frac{18}{5}$이므로 ㉠+㉡=5+18=23입니다.

**19** $1\frac{3}{5}\div\star=\frac{8}{5\times\star}$이므로

$\frac{8}{5\times\star}<\frac{2}{7}=\frac{8}{28}$입니다.

따라서 5×★>28이므로 ★ 안에 들어갈 수 있는 수 중에서 가장 작은 자연수는 6입니다.

**20** $5\frac{1}{7}\div\blacksquare=\frac{36}{7\times\blacksquare}=\frac{1}{\blacktriangle}$

$4\frac{4}{11}\div\blacksquare=\frac{48}{11\times\blacksquare}=\frac{1}{\bullet}$

계산 결과가 모두 단위분수가 되어야 하므로 ■는 36과 48의 최소공배수가 되어야 합니다.

36과 48의 최소공배수는 144이므로 ■는 144입니다.

**21** $10\times2\frac{3}{5}+10\times\square\div2=58$

$10\times\frac{13}{5}+5\times\square=58$

$26+5\times\square=58$

$5\times\square=58-26=32$

$\square=\frac{32}{5}=6\frac{2}{5}$입니다.

$\text{㉠}\frac{\text{㉢}}{\text{㉡}}=6\frac{2}{5}$에서

㉠+㉡+㉢=6+5+2=13입니다.

**22** $(\text{㉠}+1\div\text{㉡})\div9=\left(\text{㉠}+\frac{1}{\text{㉡}}\right)\div9$

$=\frac{\text{㉠}\times\text{㉡}+1}{\text{㉡}\times9}=\frac{16}{27}$

이므로 ㉡×9=27에서 ㉡=3이고,

㉠×㉡+1=16에서 ㉠=5입니다.

따라서 ㉠+㉡=5+3=8입니다.

**23** 처음 꽃밭의 세로는

$22\frac{1}{2}\div6=\frac{45}{2\times6}=\frac{15}{4}=3\frac{3}{4}$(m)입니다.

줄어든 넓이와 늘어난 넓이가 같으므로

$3\frac{3}{4}\times2=(6-2)\times\square$,

$\square=\frac{15}{4}\times2\div4=\frac{15\times2}{4\times4}=\frac{15}{8}=1\frac{7}{8}$(m)

$\text{㉠}\frac{\text{㉢}}{\text{㉡}}=1\frac{7}{8}$이므로

㉠+㉡+㉢=1+8+7=16입니다.

**24** $\text{㉮}\div\text{㉯}=\text{㉮}\times\frac{1}{\text{㉯}}=\frac{\text{㉮}}{\text{㉯}}=\frac{4}{5}$,

$\text{㉯}\div\text{㉰}=\text{㉯}\times\frac{1}{\text{㉰}}=\frac{\text{㉯}}{\text{㉰}}=\frac{3}{2}$

$\text{㉮}\div\text{㉰}=\frac{\text{㉮}}{\text{㉰}}=\frac{\text{㉮}}{\text{㉯}}\times\frac{\text{㉯}}{\text{㉰}}=\frac{4}{5}\times\frac{3}{2}=\frac{6}{5}$

$\frac{\text{㉡}}{\text{㉠}}=\frac{6}{5}$이므로 ㉠+㉡=5+6=11입니다.

**25** $\frac{5}{7}\div4<1\frac{1}{4}\div\square<2\frac{6}{7}\div5$

$\frac{5}{28}<\frac{5}{4}\div\square<\frac{4}{7}$

$\frac{5}{28}<\frac{35}{28\times\square}<\frac{16}{28}$

$\frac{5}{28}<\frac{35\div\square}{28}<\frac{16}{28}$

$5<35\div\square<16$

따라서 □ 안에 들어갈 수 있는 자연수는 3, 4, 5, 6이므로 모두 4개입니다.

**26** $㉠\div㉡\div㉡=㉠\times\frac{1}{㉡}\times\frac{1}{㉡}=\frac{㉠}{㉡\times㉡}$

$=\frac{1}{180}$입니다.

$180=2\times2\times3\times3\times5$이므로

$\frac{1}{180}=\frac{1}{2\times2\times3\times3\times5}$

$=\frac{5}{(2\times3\times5)\times(2\times3\times5)}$입니다.

따라서 ㉠=5, ㉡=2×3×5=30이므로

㉠+㉡=5+30=35입니다.

**27** 병이 가진 양을 □kg이라 하면

을이 가진 양은 (□×3) kg이고

갑이 가진 양은 $\left(\square\times3-5\frac{1}{2}\right)$kg입니다.

$\square+\square\times3+\square\times3-5\frac{1}{2}=26$

$\square\times7=26+5\frac{1}{2}=31\frac{1}{2}$

$\square=31\frac{1}{2}\div7=\frac{63}{2}\times\frac{1}{7}=\frac{9}{2}$

따라서 갑이 가진 양은

$\frac{9}{2}\times3-5\frac{1}{2}=\frac{27}{2}-\frac{11}{2}=\frac{16}{2}=8(\text{kg})$

입니다.

**28** $\frac{1}{㉠}\div㉡=\frac{1}{㉠\times㉡}$이므로

$\frac{1}{㉠\times㉡}\times1000>5$가 되려면

$\frac{1}{㉠\times㉡}>\frac{5}{1000}=\frac{1}{200}$에서 ㉠×㉡은 200보다 작아야 합니다.

10×11=110, 11×12=132, 12×13=156, 13×14=182, 14×15=210, …

이므로 ㉠×㉡이 200보다 작은 것은 4개입니다.

**29** $\frac{1}{2\times4}+\frac{1}{4\times6}+\frac{1}{6\times8}+\frac{1}{8\times10}+\frac{1}{10\times12}$

$=\left(\frac{1}{2}-\frac{1}{4}+\frac{1}{4}-\frac{1}{6}+\frac{1}{6}-\frac{1}{8}+\frac{1}{8}-\frac{1}{10}+\frac{1}{10}-\frac{1}{12}\right)\div2$

$=\left(\frac{1}{2}-\frac{1}{12}\right)\div2=\frac{5}{12}\times\frac{1}{2}=\frac{5}{24}$

㉠+㉡=24+5=29

**30** $\frac{105}{8}=13\frac{1}{8}$이므로 $\frac{105}{8}\div$(자연수)가 가분수이려면 자연수는 13 이하인 수입니다.

또한 $\frac{105}{8}\div(\text{자연수})=\frac{105}{8\times(\text{자연수})}$이고 (자연수)는 105의 약수가 아니어야 하므로 구하는 자연수는 2, 4, 6, 8, 9, 10, 11, 12, 13이고 모두 9개입니다.

## 2 각기둥과 각뿔 18~27쪽

| | | | | | |
|---|---|---|---|---|---|
| 01 | ⑤ | 02 | 32 | 03 | ④ |
| 04 | 21 | 05 | 80 | 06 | 130 |
| 07 | ③ | 08 | ④ | 09 | 162 |
| 10 | 68 | 11 | 12 | 12 | 19 |
| 13 | 12 | 14 | ③ | 15 | 48 |
| 16 | 36 | 17 | 8 | 18 | 12 |
| 19 | 108 | 20 | 20 | 21 | 20 |
| 22 | 19 | 23 | 30 | 24 | 78 |
| 25 | 720 | 26 | 84 | 27 | 26 |
| 28 | 31 | 29 | 968 | 30 | 28 |

**01** ⑤ 각기둥의 꼭짓점의 수는 한 밑면의 변의 수의 2배이고, 각기둥의 모서리의 수는 한 밑면의 변의 수의 3배이므로 각기둥의 모서리의 수는 꼭짓점의 수보다 항상 많습니다.

**02** 오각기둥의 면의 수는 7, 모서리의 수는 15, 꼭짓점의 수는 10이므로

㉠+㉡+㉢=7+15+10=32입니다.

**03** ① 사각기둥, ② 사각뿔, ③ 삼각기둥

**04** ㉠=6, ㉡=5, ㉢=10이므로
㉠+㉡+㉢=6+5+10=21입니다.

**05** ㉠ 22, ㉡ 24, ㉢ 24, ㉣ 10
➡ 22+24+24+10=80

**06** 오각기둥의 입체도형에서 밑면의 모서리는 5개, 옆면의 모서리는 5개입니다.
따라서 모든 모서리의 길이의 합은
8×5×2+10×5=130(cm)입니다.

**07** 각뿔의 밑면의 변의 수를 □개라 하면
□+1=25, □=24입니다.
따라서 이십사각뿔입니다.

**08** ① (밑면의 수)=1개<(옆면의 수)=10개
② (꼭짓점의 수)=11개<(모서리의 수)=20개
③ (모서리의 수)=20개>(면의 수)=11개
④ (꼭짓점의 수)=11개>(옆면의 수)=10개

**09** (한 밑면의 모서리의 길이의 합)
=7×6=42(cm)
(옆면과 옆면이 만나는 모서리의 길이의 합)
=13×6=78(cm)
(모든 모서리의 길이의 합)
=42×2+78=162(cm)

**10** (4+5+8)×4=68(cm)

**11** 각뿔의 밑면의 변의 수를 □개라고 하면
(13+5)×□=198, 18×□=198, □=11
이므로 십일각뿔입니다.
(십일각뿔의 꼭짓점의 수)=11+1=12(개)

**12** (면의 수가 가장 적은 각뿔의 모서리의 수)
=(삼각뿔의 모서리의 수)=6개
(면의 수가 가장 적은 각기둥의 면의 수)
=(삼각기둥의 면의 수)=5개
(밑면과 옆면의 모양이 같은 각기둥의 꼭짓점의 수)
=(사각기둥의 꼭짓점의 수)=8개
➡ 6+5+8=19

**13** 팔각기둥의 모서리는 8×3=24(개)입니다.
따라서 모서리의 수가 24개인 각뿔의 밑면의 변의 수는 24÷2=12(개)입니다.

**14** 각뿔의 밑면의 변의 수를 □개라 하면 꼭짓점의 수는 □+1, 모서리의 수는 □×2입니다.
(□+1)+(□×2)=46 ➡ □=15
따라서 밑면의 변의 수가 15개이므로 십오각뿔입니다.

**15** (밑면의 모서리의 길이의 합)=3×6=18(cm)
(옆면의 모서리의 길이의 합)=5×6=30(cm)
(모든 모서리의 길이의 합)=18+30=48(cm)

**16** 5×4+3×4+2×2=36(cm)

**17** 각기둥의 높이를 □cm라고 하면
(6+4+4+6+□)×2=56
20+□=28
□=8(cm)

**18** ㉠ (면의 수)=(옆면의 수)+2에서
(옆면의 수)=(면의 수)−2
㉡ (모서리의 수)×2
=(□×3)×2=(□×2)×3
=(꼭짓점의 수)×3
㉢ (꼭짓점의 수)+(모서리의 수)
=□×2+□×3=□×5
=(한 밑면의 변의 수)×5
㉣ (꼭짓점의 수)+(면의 수)−(모서리의 수)
=□×2+□+2−□×3=2
따라서 □ 안에 알맞은 수의 합은
2+3+5+2=12입니다.

**19** 오른쪽 전개도에서 길이가 10 cm인 변과 5 cm인 변은 각각 6개이고 길이가 ㉠ cm인 변은 2개입니다.

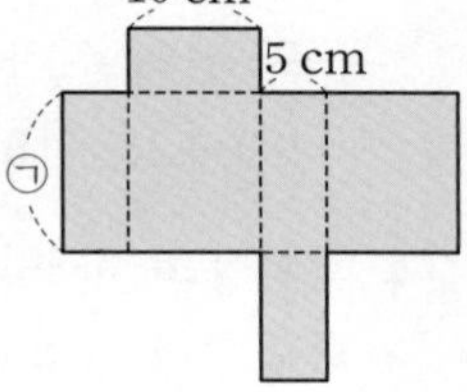


(전개도의 둘레)
=10×6+5×6+㉠×2=114이므로
60+30+㉠×2=114, ㉠×2=24,
㉠=12(cm)입니다.
따라서 사각기둥의 모든 모서리의 길이의 합은
(10×4)+(5×4)+(12×4)
=40+20+48=108(cm)입니다.

**20**

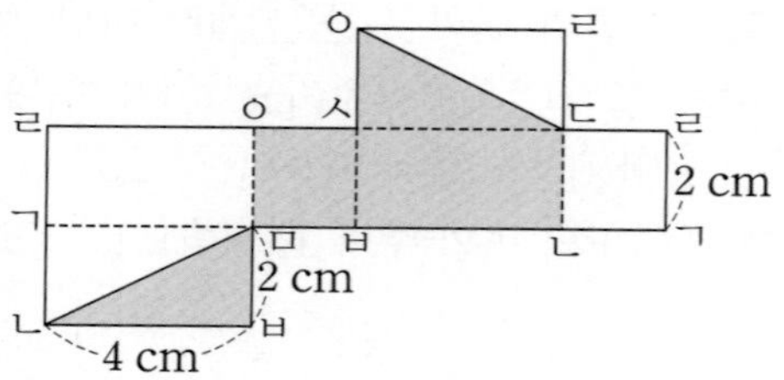


➡ (4×2÷2)×2+(2+4)×2
=8+12=20($cm^2$)

**21** 입체도형이 각기둥일 때,
한 밑면의 변의 수를 □개라고 하면
□+2+□×3+□×2=50,
□×6+2=50, □×6=48, □=8이므로
㉠=8입니다.
입체도형이 각뿔일 때,
밑면의 변의 수를 □개라고 하면
□+1+□×2+□+1=50,
□×4+2=50, □×4=48, □=12이므로
㉡=12입니다.
따라서 ㉠+㉡=8+12=20입니다.

**22** 모서리와 꼭짓점마다 색종이를 붙이므로 모서리의 수와 꼭짓점의 수의 합을 구하면 됩니다.
구하려는 각뿔의 밑면의 변의 수를 □개라 하면 58=(□×2)+(□+1),
58=□×3+1, □=19입니다.
따라서 십구각뿔입니다.

**23** (꼭짓점의 수)=16개, (모서리의 수)=24개,
(면의 수)=10개
(꼭짓점의 수)+(모서리의 수)−(면의 수)
=16+24−10=30(개)

**24** 각기둥의 한 밑면의 변의 수의 합을 □개라고 하면 꼭짓점의 수는 □×2, 모서리의 수는 □×3, 면의 수는 □+6입니다.
㉠=72÷3+6=30, ㉡=72÷3×2=48
이므로 ㉠+㉡=30+48=78입니다.

**25** 옆면이 모두 직사각형인 입체도형은 각기둥입니다.
(각기둥의 꼭짓점의 수)
=(한 밑면의 변의 수)×2에서
36=(한 밑면의 변의 수)×2이므로
(한 밑면의 변의 수)
=36÷2=18(개)입니다.
따라서 모든 모서리의 길이의 합은
(18×12)×2+16×18
=216×2+288=720(cm)입니다.

**26** (면 ㉮의 넓이)=5×(선분 ㄱㄴ)=40
이므로 (선분 ㄱㄴ)=8(cm)
(면 ㉯의 넓이)=(선분 ㅎㅋ)×8=64
이므로 (선분 ㅎㅋ)=8(cm)
따라서 사각기둥의 모든 모서리의 길이의 합은
(8+8+5)×4=84(cm)입니다.

**27** 둘레의 길이가 가장 큰 경우

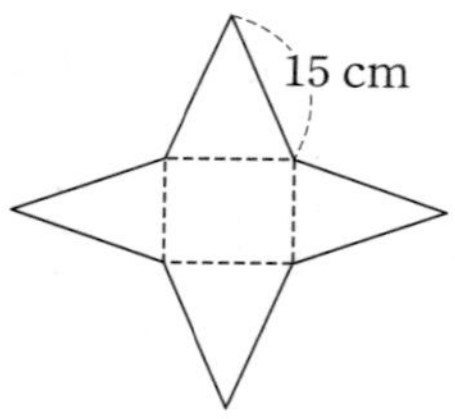


➡ 15×8=120(cm)
둘레의 길이가 가장 작은 경우

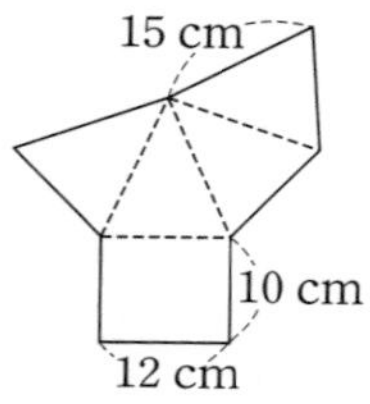


➡ 10×4+12×2+15×2=94(cm)
따라서 두 전개도의 둘레의 차는
120−94=26(cm)입니다.

**28** 각뿔의 밑면의 변의 수를 □개라고 하면
(각뿔의 면의 수)=□+1입니다.
또, 이 각뿔을 밑면과 평행한 평면으로 잘랐을 때, 아래에 있는 입체도형의 면의 수는
(□+2)개가 됩니다.
아래에 있는 입체도형의 면의 수가 12개이고
□+2=12, □=12−2=10(개)이므로
(자른 부분의 위쪽에 있는 입체도형의 꼭짓점의 수)
=10+1=11(개)
(자른 부분의 아래쪽에 있는 입체도형의 꼭짓점의 수)
=10×2=20(개)

따라서 두 입체도형의 꼭짓점의 수의 합은
$11+20=31$(개)입니다.

**29** 정사각형의 넓이에서 전개도가 아닌 부분의 넓이를 빼서 알아봅니다.

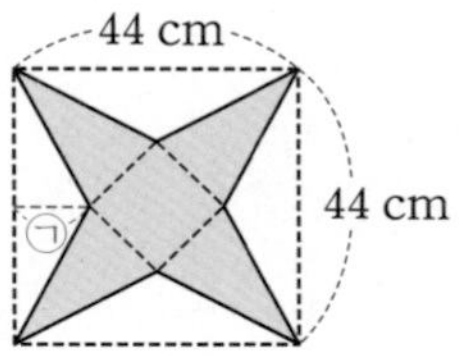


㉠$+22+$㉠$=44$,
㉠$+$㉠$=22$,
㉠$=22\div2=11$(cm)

(전개도가 아닌 부분의 넓이)
$=(44\times11\div2)\times4=968(cm^2)$
(사각뿔의 전개도의 넓이)
$=(44\times44)-968$
$=1936-968$
$=968(cm^2)$

**30** 크기가 같은 정육각형을 이어 붙이면 면을 빈틈없이 덮을 수 있습니다.
즉, 위에서 본 모양이 오른쪽과 같게 되도록 옆면을 붙이면 면의 수가 가장 적게 됩니다.

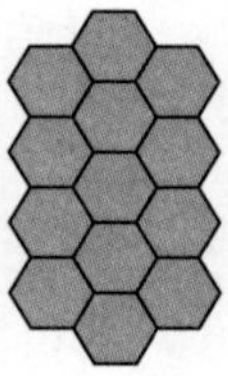

따라서 새로 만든 입체도형은 밑면이 2개, 옆면이 26개이므로 면의 수는 모두 $2+26=28$(개)입니다.

## 3 소수의 나눗셈 28~37쪽

| | | | | | |
|---|---|---|---|---|---|
| **01** | 34 | **02** | 0 | **03** | 237 |
| **04** | ④ | **05** | 485 | **06** | 48 |
| **07** | 807 | **08** | 12 | **09** | 15 |
| **10** | 18 | **11** | 375 | **12** | 258 |
| **13** | 335 | **14** | 245 | **15** | 16 |
| **16** | 905 | **17** | 20 | **18** | 832 |
| **19** | ② | **20** | 175 | **21** | 2 |
| **22** | 36 | **23** | 408 | **24** | 162 |
| **25** | ④ | **26** | 196 | **27** | 475 |
| **28** | 32 | **29** | 135 | **30** | 3 |

**01** $27.2\div8=3.4$이므로 $3.4\times10=34$입니다.

**03** 벽의 넓이는 $8\times2=16(m^2)$이므로
$1\,m^2$를 칠하는데 사용한 페인트의 양은
$37.92\div16=2.37$(L)입니다.
따라서 ㉠.㉡㉢$\times100=2.37\times100=237$입니다.

**04** 몫이 1보다 작으려면 나누어지는 수보다 나누는 수가 커야 합니다.

**05** ㉮$=29.1\div6=4.85$이므로
㉮$\times100=485$입니다.

**06** 사과 7개의 무게는 $4.66-1.3=3.36$(kg)이므로 사과 한 개의 무게는
$3.36\div7=0.48$(kg)입니다.
㉠.㉡㉢$=0.48$이므로
㉠.㉡㉢$\times100=0.48\times100=48$입니다.

**07** (높이)$=$(평행사변형의 넓이)$\div$(밑변)
$=104.91\div13=8.07$(cm)
㉠.㉡㉢이 $8.07$이므로
㉠.㉡㉢$\times100=8.07\times100=807$입니다.

**08** ㉮$=67.2\div8\div7=1.2$
㉠.㉡$=1.2$이므로 ㉠.㉡$\times10=1.2\times10=12$입니다.

**09** 몫이 가장 작으려면 가장 작은 수를 가장 큰 수로 나누어야 합니다.
$3\div8=0.375$에서 ㉠.㉡㉢㉣$=0.375$이므로
㉠$+$㉡$+$㉢$+$㉣$=0+3+7+5=15$입니다.

**10** (어떤 수)$\times8\div3=1.8$이므로
(어떤 수)$=1.8\times3\div8=5.4\div8=0.675$입니다.
㉠.㉡㉢㉣$=0.675$이므로
㉠$+$㉡$+$㉢$+$㉣$=0+6+7+5=18$입니다.

**11** $22.5\times30\div2=$(변 ㄴㄷ)$\times18\div2$,
(변 ㄴㄷ)$\times18=22.5\times30=675$,
(변 ㄴㄷ)$=675\div18=37.5$(cm)
㉠㉡.㉢$=37.5$이므로 ㉠㉡.㉢$\times10=375$입니다.

**12** (어떤 수)$=1.72\times9=15.48$이므로
㉠.㉡㉢$=15.48\div6=2.58$입니다.
㉠.㉡㉢$\times100=2.58\times100=258$

**13** 9.6÷8=1.2, 12÷8=1.5, 16.4÷8=2.05
이므로 □÷8=○인 규칙입니다.
따라서 ㉮=26.8÷8=3.35이므로
㉮×100=3.35×100=335입니다.

**14** 철교를 완전히 통과하는 데 간 거리는
1800+160=1960(m)이고
1분에 80m씩 가므로 통과하는데 걸린 시간은
1960÷80=24.5(분)입니다.
㉠㉡.㉢=24.5이고 24.5×10=245입니다.

**15** 나눗셈의 몫을 가장 크게하려면 나누어지는 수를 가장 크게 하고 나누는 수를 가장 작게 해야 합니다.
㉠㉡.㉢㉣㉤=86.5÷4=21.625이므로
㉠+㉡+㉢+㉣+㉤=2+1+6+2+5=16
입니다.

**16** 수직선에서 눈금 한 칸의 크기는
(13.75−2)÷5=2.35입니다.
따라서 ㉮=2+2.35×3=9.05입니다.
㉠은 9.05이므로 ㉠×100=9.05×100=905
입니다.

**17** 1.2÷6=0.2, 2.4÷6=0.4, 3.6÷6=0.6, 4.8÷6=0.8에서 ▲가 될 수 있는 수는 2, 4, 6, 8이므로 2+4+6+8=20입니다.

**18** 325.2km를 달릴 때 사용한 휘발유의 양은
325.2÷15=21.68(L)이므로 남은 휘발유의 양은 30−21.68=8.32(L)입니다.
㉠=8.32이므로 ㉠×100=8.32×100=832
입니다.

**19** 각각의 자동차가 연료 1L로 갈 수 있는 거리를 구하여 비교해 봅니다.
① 113÷5=22.6(km)
② 95.2÷4=23.8(km)
③ 70.8÷3=23.6(km)
따라서 ② 자동차가 가장 먼 거리를 갈 수 있습니다.

**20** ㉮÷㉯의 몫이 가장 크려면 나누어지는 수 ㉮는 가장 커야 하고 나누는 수 ㉯는 가장 작아야 합니다.
가장 큰 ㉮는 49, 가장 작은 ㉯는 28이고
㉠=49÷28=1.75이므로 ㉠×100=175입니다.

**21**

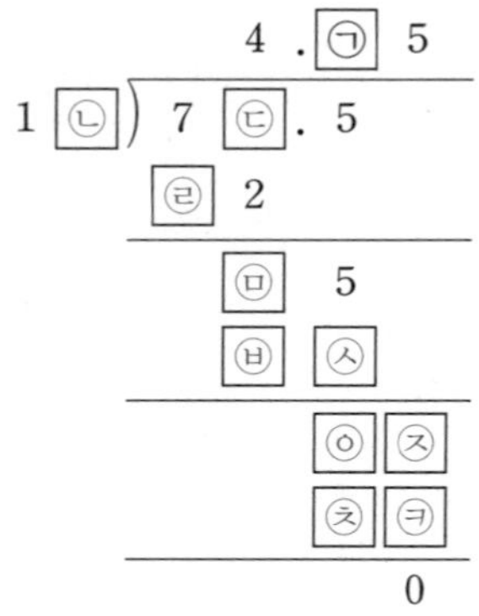


• 1㉡×4=72에서 ㉡은 8입니다.
• 18×5=90이므로 ㉧과 ㉩은 9, ㉨과 ㉪은 0 입니다.
• 15−㉦=9이므로 ㉦은 6이고 18×㉠=㉥6 에서 ㉠은 2이고 ㉥은 3입니다.

**22** 45분은 0.75시간이므로 세윤이가 출발할 때 규나는 8.8×0.75=6.6(km)를 앞서 있습니다.
두 사람이 1시간에 4km의 간격이 좁혀지므로 세윤이가 출발하고 6.6÷4=1.65(시간) 후에는 만나게 됩니다.
1.65시간=1시간+(60×0.65)분
=1시간 39분이므로
10시 45분+1.65시간
=10시 45분+1시간 39분
=12시 24분입니다.
㉠시 ㉡분=12시 24분이므로
㉠+㉡=12+24=36입니다.

**23** (가로의 길이)=18.4÷2−2.4=6.8(cm)
색칠한 부분의 넓이는
6.8×2.4÷4=4.08($cm^2$)이므로
■×100=4.08×100=408입니다.

**24** 두 사람이 한 시간에 간 거리의 합은
12.6+14.4=27(km)입니다.
공원의 둘레는
27÷60×36=0.45×36=16.2(km)이므로
㉠=16.2이고 ㉠×10=16.2×10=162입니다.

**25** ① 0.0068 ② 0.68 ③ 6.8 ④ 0.068
⑤ 68 ⑥ 0.00068
➡ ⑤>③>②>④>①>⑥

**26** 어떤 소수를 □라고 할 때
$5.6\times\square-5.6\times\square\times\frac{1}{10}=5.04\times\square$이므로
$5.04\times\square=17.64$입니다.
$504\times0.01\times\square=17.64$,
$0.01\times\square=17.64\div504=0.035$
$0.01\times\square=0.035$이므로 $\square=3.5$입니다.
따라서 바르게 계산한 값은 $5.6\times3.5=19.6$이므로 $19.6\times10=196$입니다.

**27** (100 km를 가는 데 걸린 시간)
$=100\div40=2.5$(시간)
(90 km를 가는 데 걸린 시간)
$=90\div60=1.5$(시간)
이 트럭이 190 km를 가는 데
$2.5+1.5=4$(시간)이 걸렸으므로
한 시간에 $190\div4=47.5$(km)씩 간 셈입니다.
따라서 $47.5\times10=475$입니다.
주의 $100+90=190$(km)를 가는 데 걸린 시간을 $190\div(40+60)$으로 계산하지 않습니다.

**28** (삼각형 ㅅㅁㄷ의 넓이)
$=40.9+27-61.5=6.4(cm^2)$
㉠$=6.4\times2\div4=3.2$(cm)
➡ ㉠$\times10=3.2\times10=32$

**29** 소수점이 오른쪽으로 두 칸 옮겨지면 원래 수의 100배가 되므로 바른 답과 잘못 적은 답의 차인 1336.5는 바른 답의 $100-1=99$(배)가 됩니다.
따라서 바른 답은 $1336.5\div99=13.5$입니다.
➡ ㉠$\times10=13.5\times10=135$

**30** 두 사람이 함께 1분 동안
종이학을 만들었다면 $4+2=6$(개),
종이배를 만들었다면
$8+4=12$(개)를 만들 수 있습니다.
20분 동안 종이학만 만들었다고 생각하면 $20\times6=120$(개)를 만들었으나 실제로는 159개를 만들었으므로 종이배를 만드는 데 걸린 시간은 $(159-120)\div(12-6)=6.5$(분)입니다.
따라서 만든 종이배는 $6.5\times12=78$(개),
만든 종이학은 $159-78=81$(개)입니다.
➡ $81-78=3$(개)

## 4 비와 비율 38~47쪽

| | | | | | |
|---|---|---|---|---|---|
| 01 | 17 | 02 | ⑤ | 03 | 4 |
| 04 | ③ | 05 | ⑤ | 06 | 55 |
| 07 | 41 | 08 | 35 | 09 | 75 |
| 10 | 30 | 11 | 71 | 12 | 40 |
| 13 | 225 | 14 | 520 | 15 | ② |
| 16 | 300 | 17 | 90 | 18 | 6 |
| 19 | 324 | 20 | 10 | 21 | 90 |
| 22 | 778 | 23 | 140 | 24 | 800 |
| 25 | 860 | 26 | 27 | 27 | 125 |
| 28 | 12 | 29 | 14 | 30 | 10 |

**01** (색칠한 부분) : (전체)=7 : 10입니다.
㉠ : ㉡=7 : 10이므로 ㉠+㉡=7+10=17입니다.

**02** 비교하는 양 ➡ ① 7 ② 7 ③ 7 ④ 7 ⑤ 23

**03** 8의 20에 대한 비 ➡ 8 : 20 ➡ $\frac{8}{20}=0.4$
㉠=0.4이므로 ㉠$\times10=0.4\times10=4$입니다.

**04** ①, ②, ④, ⑤ ➡ 7 : 15,
③ ➡ 15 : 7

**05** 비율을 분수로 나타내면
① $\frac{5}{3}$ ② $\frac{4}{10}=\frac{2}{5}$ ③ $\frac{8}{12}=\frac{2}{3}$
④ $\frac{5}{25}=\frac{1}{5}$ ⑤ $\frac{12}{5}$
따라서 비율이 가장 큰 것은 ⑤입니다.

**06** (남학생 수) : (전체 학생 수)
$=11:(11+9)=11:20$ ➡ $\frac{11}{20}=0.55$

㉠=0.55이므로 ㉠×100=55입니다.

**07** $\frac{㉡}{㉠}=\frac{76}{88}=\frac{19}{22}$이므로

㉠+㉡=22+19=41입니다.

**08** $\frac{8000-5200}{8000}\times100=\frac{2800}{8000}\times100=35(\%)$

**09** (높이)$=150\times2\div20=15(\text{cm})$이므로

(높이) : (밑변)$=15:20$ ➡ $\frac{15}{20}$

➡ $\frac{15}{20}\times100=75(\%)$

**10** 축구와 야구를 좋아하는 학생의 비율이 모두 50 %이고 150명이므로 전체 학생 수는 300명입니다.

따라서 농구를 좋아하는 학생은 300명의 10 %인 30명입니다.

**11** 안타의 수를 □라 하면,

$\frac{□}{284}=0.25$ ➡ □$=0.25\times284=71$(개)

**12** (바른 인구 수)$=1500\times\frac{115}{100}=1725$(명),

(잘못된 인구 수)$=1500\times\frac{85}{100}=1275$(명)

$1275:1725$ ➡ $\frac{1275}{1725}=\frac{1275\div75}{1725\div75}$

$=\frac{17}{23}$

$\frac{㉡}{㉠}=\frac{17}{23}$이므로 ㉠+㉡=23+17=40입니다.

**13** 이번 주 용돈의 총액 : $3500\times7=24500$(원)

$\frac{24500-20000}{20000}\times100$

$=\frac{4500}{20000}\times100=22.5(\%)$

㉠=22.5이므로 ㉠×10=225입니다.

**14** 11개를 사는 데 드는 전체 비용을 구합니다.

A 가게 : $800\times10=8000$(원)

B 가게 : $800\times11\times0.85=7480$(원)

B 가게에서 사는 것이 520원 더 유리합니다.

**15** ① 통장의 한 달 이율 :

$\frac{3250}{500000}\times100=0.65(\%)$

② 통장의 한 달 이율 :

$\frac{5760}{800000}\times100=0.72(\%)$

➡ 이율이 더 높은 ② 통장에 저금하는 것이 더 유리합니다.

**16** 하루에 섭취해야 할 탄수화물의 양을 □라고 하면 □$=9\div3\times100=300(\text{g})$입니다.

**17** (가로)$=12\times\frac{75}{100}=9(\text{cm})$

(세로)$=8\times\frac{125}{100}=10(\text{cm})$

이므로 넓이는 $9\times10=90(\text{cm}^2)$입니다.

**18** $\frac{㉯}{㉮}=1\frac{2}{3}=\frac{5}{3}$, $\frac{㉰}{㉯}=\frac{3}{1}=\frac{15}{5}$

따라서 ㉯가 5일 때 ㉮는 3, ㉰는 15이므로

㉰에 대한 ㉮의 비율은 $\frac{3}{15}=\frac{1}{5}$입니다.

$\frac{㉡}{㉠}=\frac{1}{5}$이므로 ㉠+㉡=5+1=6입니다.

**19** (지난달 하루에 3시간 이상 이용한 학생 수)

$=500\times\frac{54}{100}=270$(명)

(이번달 하루에 3시간 이상 이용한 학생 수)

$=270+270\times\frac{20}{100}=324$(명)

**20** (아무것도 심지 않은 부분)

$=1200\times\frac{100-75}{100}\times\frac{5-3}{5}$

$=1200\times\frac{25}{100}\times\frac{2}{5}=120(\text{m}^2)$

따라서 아무것도 심지 않은 부분은 과수원 전체의 $\frac{120}{1200}\times100=10(\%)$입니다.

**21** • 전체 공의 수에 대한 상자 속에 들어 있는 노란 공의 수의 비율 : $1-\frac{2}{5}-\frac{1}{3}=\frac{4}{15}$

• 상자 속에 들어 있는 전체 공의 수 :

$60\div\frac{4}{15}=60\div4\times15=225$(개)

따라서 상자 속에 들어 있는 빨간 공은

$225\times\frac{2}{5}=90$(개)입니다.

**22** 처음 땅에 닿을 때까지 4 m,
처음 닿은 후 두 번째로 땅에 닿을 때까지
$4\times0.35\times2=2.8$(m),
두 번째 닿은 후 세 번째로 땅에 닿을 때까지
$4\times0.35\times0.35\times2=0.98$(m)입니다.
➡ $4+2.8+0.98=7.78$(m)
㉠$=7.78$이므로 ㉠$\times100=7.78\times100=778$입니다.

**23** 전체 학생 수를 □라 하면
$\square\times\frac{3}{5}\times(1-0.25)=63$,
$\square\times\frac{3}{5}\times\frac{3}{4}=63$, $\square=140$(명)입니다.

**24**

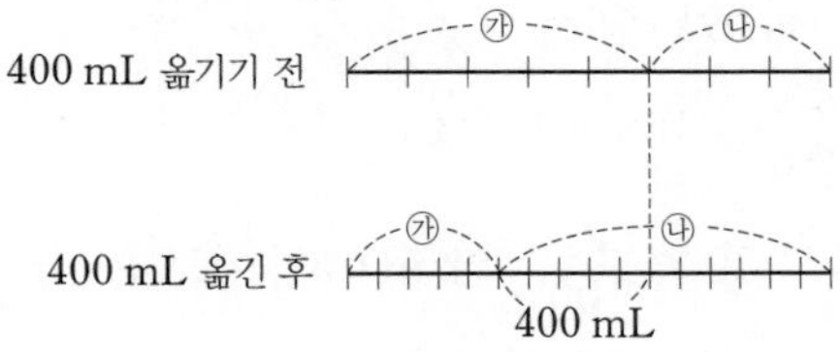


따라서 처음 ㉮ 물통에 들어 있던 물의 양은
$400\div5\times10=800$(mL)입니다.

**25** (사과 한 박스의 정가)
$=40000\times\frac{135}{100}=54000$(원)
(10 % 할인하여 판매한 가격)
$=54000\times\frac{90}{100}=48600$(원)
(사과 한 박스를 팔아 생긴 이익)
$=48600-40000=8600$(원)
(사과 한 박스를 팔아서 기부하는 금액)
$=8600\times\frac{10}{100}=860$(원)

**26** ㉮의 가로를 $5\times\square$, 세로를 $2\times\square$라고 하면
넓이는 $10\times\square\times\square$입니다.
㉯의 가로를 $8\times\triangle$, 세로를 $5\times\triangle$라고 하면
넓이는 $40\times\triangle\times\triangle$입니다.
㉮, ㉯의 넓이가 같으므로
$10\times\square\times\square=40\times\triangle\times\triangle$에서
$\square=2\times\triangle$입니다.
따라서 ㉮의 둘레는
$(5\times\square+2\times\square)\times2$
$=(10\times\triangle+4\times\triangle)\times2=28\times\triangle$이고
㉯의 둘레는
$(8\times\triangle+5\times\triangle)\times2=26\times\triangle$이므로
㉮의 둘레와 ㉯의 둘레의 비는
$28:26=14:13$입니다.
따라서 ■$=14$, ▲$=13$이므로
■$+$▲$=27$입니다.

**27** 가장 큰 정사각형의 넓이를 1이라고 하면
색칠한 정사각형의 넓이는
$1\times\frac{1}{2}\times\frac{1}{2}\times\frac{1}{2}=\frac{1}{8}$입니다.
➡ $\frac{1}{8}=\frac{125}{1000}=\frac{12.5}{100}$ ➡ 12.5 %
㉠$=12.5$이므로 ㉠$\times10=12.5\times10=125$입니다.

**28** 배는 한 시간에 36 km를 가므로 1초에 10 m를 가는 빠르기입니다.

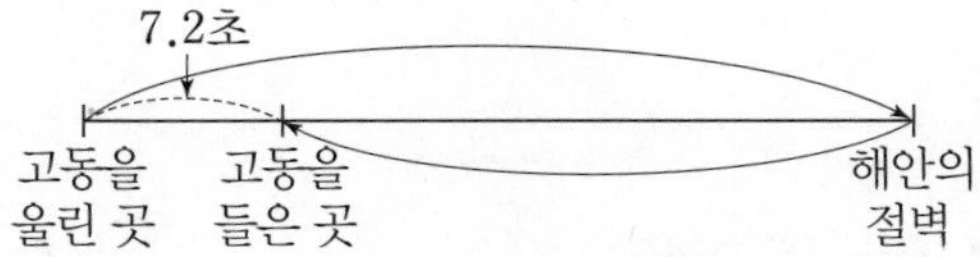


배와 소리가 진행한 거리의 합은
$7.2\times(10+340)=2520$(m)입니다.
따라서 $2520\div2-7.2\times10$
$=1188$(m)$=1.188$(km)
㉠$=1.188$이므로 반올림하여 소수 첫째 자리까지 구한 값의 10배는 $1.2\times10=12$입니다.

**29** (가 그릇에 있는 소금의 무게)
$=200\times0.15=30$(g),
(나 그릇에 있는 소금의 무게)
$=200\times0.08=16$(g)
(□분 후의 가 그릇의 농도)
$=\frac{30}{200+(5\times\square)}\times100$(%)
20 %의 소금물 5 g에는 1 g의 소금이 들어 있으므로
(□분 후의 나 그릇의 농도)
$=\frac{16+(1\times\square)}{200+(5\times\square)}\times100$(%)
두 그릇의 농도가 같아져야 하므로
$\frac{30}{200+(5\times\square)}=\frac{16+(1\times\square)}{200+(5\times\square)}$,

$30=16+(1\times\square)$, $\square=14$
따라서 14분 후에 가와 나 그릇에 있는 소금물의 농도가 같아지게 됩니다.

**30** 고속열차는 30 km를 $25-15=10$(분)에 달렸으므로 1분에 3 km를 달립니다. 즉, 가 역에서 나 역으로 가는 데 20분이 걸립니다.
완행열차는 30 km를 20분에 달렸으므로 1분에 1.5 km를 달리고, 중간에 정차하지 않고 계속 달렸다면 나 역까지 $60\div1.5=40$(분)이 걸립니다.
따라서 완행열차는 고속열차보다 15분 먼저 출발하여 15분 늦게 도착하였으므로 완행열차가 도중에 정차한 시간은 $15+20+15-40=10$(분)입니다.

## 5 여러 가지 그래프 48~57쪽

| | | | | | |
|---|---|---|---|---|---|
| **01** | ④ | **02** | 10 | **03** | 120 |
| **04** | 14 | **05** | 45 | **06** | 15 |
| **07** | 48 | **08** | 10 | **09** | 180 |
| **10** | 16 | **11** | 60 | **12** | 260 |
| **13** | 3 | **14** | 40 | **15** | ② |
| **16** | 120 | **17** | 300 | **18** | 45 |
| **19** | 250 | **20** | 25 | **21** | 576 |
| **22** | 336 | **23** | 18 | **24** | 4 |
| **25** | 35 | **26** | 200 | **27** | 25 |
| **28** | 14 | **29** | 6 | **30** | 350 |

**01** ① 알 수 없습니다.
② $2\frac{1}{3}$배
③ $1\frac{1}{4}$배
⑤ 비교할 수 없습니다.

**02** $40\times\frac{25}{100}=10$(명)

**03** (A형인 학생 수)$=1500\times\frac{24}{100}=360$(명),
(AB형인 학생 수)$=1500\times\frac{16}{100}=240$(명)
따라서 $360-240=120$(명) 더 많습니다.

**04** 전체 토지의 넓이는
$4200+3600+4800+2400=15000(m^2)$
이므로 밭이 차지하는 길이는
$50\times\frac{4200}{15000}=14$(cm)입니다.

**05** (음악 또는 국어를 좋아하는 학생 수)
$=280-56-98=126$(명),
(국어를 좋아하는 학생 수)
$=126\times\frac{1}{3}=42$(명)
(국어를 좋아하는 학생 수의 백분율)
$=\frac{42}{280}\times100=15(\%)$
따라서 $30\times\frac{15}{100}=4.5$(cm)이므로
㉠.㉡$\times10=45$입니다.

**06** 4~6권을 읽는 학생 수는
$400\times\frac{30}{100}=120$(명)이므로
10권 이상을 읽는 학생 수는
$400-160-120-60=60$(명)입니다.
따라서 ㉮에 알맞은 수는
$\frac{60}{400}\times100=15$입니다.

**07** $240\times\frac{20}{100}=48$(권)

**08** 전체 학생 수는 $6+5+4+3+1+1=20$(명)이고, 기타에 해당하는 학생 수는 2명입니다.
㉮$=\frac{2}{20}\times100=10$

**09** (소와 돼지가 차지하는 백분율)
$=30+35=65(\%)$
(전체 가축 수)$=780\div65\times100=1200$(마리)
(개가 차지하는 백분율)
$=100-(20+30+35)=15(\%)$
(개의 수)$=1200\times0.15=180$(마리)

**10** (배를 좋아하는 학생의 백분율)
$=100-(40+10+20)=30(\%)$이므로

용희네 마을 전체 학생 수는
$12 \div 30 \times 100 = 40$(명)입니다.
따라서 사과를 좋아하는 학생은
$40 \times 0.4 = 16$(명)입니다.

**11** 야구를 좋아하는 학생은
$100-(30+15+10+20)=25(\%)$이므로
전체 학생 수는 $50 \div 25 \times 100 = 200$(명)입니다.
➡ (축구를 좋아하는 학생)
$= 200 \times \frac{30}{100} = 60$(명)

**12** 눈금 한 칸이 $325 \div 5 = 65$(명)을 나타내므로 ㉯ 마을의 학생은 $65 \times 4 = 260$(명)입니다.

**13** (주거비)$=40 \times \frac{4}{10} = 16(\%)$,
(교육비)$=16 \times \frac{7}{8} = 14(\%)$
(광열비)+(잡비)
$=100-(40+16+14)=30(\%)$
따라서 $10 \times \frac{30}{100} = 3$(cm)입니다.

**14** ㉰의 길이를 □cm라고 하면, ㉯의 길이는 (□+2) cm, ㉮의 길이는 (□+6) cm입니다.
□+(□+2)+(□+6)=50, □=14
따라서 ㉮는 14+6=20(cm)이므로 전체의
$\frac{20}{50} \times 100 = 40(\%)$입니다.

**15** ② 파란색을 좋아하는 학생의 비율은
$\frac{90}{400} \times 100 = 22.5(\%)$입니다.

**16** (기타)$=100-(10+10+15+20+30)$
$=15(\%)$
기타는 전체의 15 %이므로
(한 달 생활비)$=180000 \div 15 \times 100$
$=1200000$(원) ➡ 120만 원
입니다.

**17** (가을)+(겨울)$=36+24=60(\%)$
(봄)+(여름)$=100-60=40(\%)$
(봄) : (여름)=5 : 3이므로
(봄)$=40 \times \frac{5}{8} = 25(\%)$입니다.
따라서 봄에 태어난 학생은
$1200 \times 0.25 = 300$(명)입니다.

**18** 기타에 해당하는 학생은 $180 \times 0.1 = 18$(명)이므로 탁구 또는 농구를 가장 좋아하는 학생은
$180-(54+36+18)=72$(명)입니다.
따라서 농구를 가장 좋아하는 학생은
$72 \times \frac{5}{8} = 45$(명)입니다.

**19** A와 D가 차지하는 비율은
$\frac{(5.5+4.5)}{20} \times 100 = \frac{10}{20} \times 100 = 50(\%)$
이므로 B가 차지하는 비율은
$100-(50+25)=25(\%)$입니다.
➡ (B 부분의 수량)$=1000 \times 0.25 = 250$

**20** (과학책의 비율)$=100-(37.5+25+25)$
$=12.5(\%)$
(과학책의 수)$=48 \times \frac{125}{1000} = 6$(권)
(새로 추가된 후 전체 책의 수)
$=48+12=60$(권)
(새로 추가된 후 과학책의 비율)
$=\frac{(6+9)}{60} \times 100 = 25(\%)$

**21** (주거지)$=100-(40+15+25)=20(\%)$
(주거지의 면적)$=8000 \times 0.2 = 1600(km^2)$
(아파트의 면적)$=1600 \times 0.36 = 576(km^2)$

**22** (투표에 참여한 학생 수)
$=1000 \times \frac{80}{100} = 800$(명)
어린이 회장에 당선된 사람은 득표율이 가장 높은 영수이므로 득표 수는
$800 \times \frac{42}{100} = 336$(표)입니다.

**23** (야구)=(축구)×2,
(야구)=(배구)$\times 1\frac{1}{3}$이므로
(배구)=(야구)$\times \frac{3}{4}$=(축구)$\times \frac{3}{2}$
(농구)=(야구)$\times 1\frac{1}{2}$=(축구)×3

(야구)+(축구)+(배구)+(농구)

$=\{(축구)\times 2\}+(축구)+\{(축구)\times \frac{3}{2}\}$

$+\{(축구)\times 3\}=45$에서

(축구)=6(cm)입니다.

따라서 농구를 좋아하는 학생은

$6\times 3=18$(cm)입니다.

**24** 기타의 길이는 전체의 $\frac{1}{5}$이므로

$15\times \frac{1}{5}=3$(cm)입니다.

(소나무, 은행나무, 느티나무가 차지하는 부분의 길이의 합)$=15-3=12$(cm)

(소나무) : (은행나무) : (느티나무)=3 : 2 : 1

따라서 은행나무는

$12\times \frac{2}{(3+2+1)}=4$(cm)입니다.

**25** ㉯의 길이를 □cm라 하면

㉮=□+3, ㉰=□+2이므로

□+3+□+□+2=20,

3×□=15, □=5입니다.

따라서 ㉰의 길이는 5+2=7(cm)이므로

전체의 $\frac{7}{20}\times 100=35$(%)입니다.

**26** 자전거로 통학하는 학생 수를 □명이라 하면

(전철)=□+11, (도보)=□×3,

(버스)=64명이고,

자전거로 통학하는 학생은

(전체의 12.5 %)=(전체의 $\frac{1}{8}$)이므로

전체 학생 수는 8×□입니다.

따라서 □+□+11+□×3+64=8×□,

3×□=75, □=25이므로

전체 학생 수는 8×25=200(명)입니다.

**27** ㉮, ㉰, ㉱의 과자 판매 개수를 구하면 다음과 같습니다.

㉮ : $40\times \frac{15}{30}=20$(개)

㉰ : $20\times \frac{15}{30}=10$(개)

㉱ : $10\times \frac{15}{30}=5$(개)

(총 판매액)

$=(20\times 600)+(15\times 900)$

$+(10\times 1350)+(5\times 1800)$

=48000(원)

따라서 ㉮의 판매액은 전체의

$\frac{12000}{48000}\times 100=25$(%)입니다.

**28** (전체 여학생의 비율)

$=\left(\frac{162}{360}\times 4+\frac{176}{360}\times 3\right)\div(4+3)$

$=\frac{1176}{360}\div 7=\frac{168}{360}$

(띠그래프에서 여학생이 차지하는 길이)

$=\frac{168}{360}\times 30=14$(cm)

**29** D가 띠그래프에서 차지하는 길이를 □cm라고 하면,

C=$\left(□\times \frac{7}{8}\right)$, B=$\left(□\times \frac{7}{8}\times \frac{6}{7}\right)$,

A=$\left(□\times \frac{7}{8}\times \frac{6}{7}\times \frac{1}{2}\right)$입니다.

4개의 길이의 합이 48 cm이므로

$□+\left(□\times \frac{7}{8}\right)+\left(□\times \frac{7}{8}\times \frac{6}{7}\right)$

$+\left(□\times \frac{7}{8}\times \frac{6}{7}\times \frac{1}{2}\right)=48$

□=16

따라서 A$=16\times \frac{7}{8}\times \frac{6}{7}\times \frac{1}{2}=6$(cm)입니다.

**30** 전체 재료의 무게는

$720\div 40\times 100=1800$(g)이고,

당근은 $\frac{180}{1800}\times 100=10$(%)입니다.

(단무지)+(계란)

$=100-(10+25+40)=25$(%)이므로

단무지와 계란의 무게의 합은

$1800\times \frac{25}{100}=450$(g)입니다.

계란은 단무지의 3.5배이므로 단무지는 100 g, 계란은 350 g입니다.

## KMA 실전 모의고사

**1 회** 58~67쪽

| | | | | | |
|---|---|---|---|---|---|
| 01 | 44 | 02 | 2 | 03 | 31 |
| 04 | 16 | 05 | 184 | 06 | 726 |
| 07 | ③ | 08 | ① | 09 | 40 |
| 10 | 48 | 11 | 7 | 12 | 41 |
| 13 | 33 | 14 | 20 | 15 | 15 |
| 16 | 736 | 17 | 44 | 18 | 28 |
| 19 | 60 | 20 | 750 | 21 | 4 |
| 22 | 27 | 23 | 938 | 24 | 600 |
| 25 | 7 | 26 | 760 | 27 | 30 |
| 28 | 2 | 29 | 120 | 30 | 210 |

**01** $\frac{9}{11}\div4\div3=\frac{\overset{3}{\cancel{9}}}{11}\times\frac{1}{4}\times\frac{1}{\underset{1}{\cancel{3}}}=\frac{3}{44}$

따라서 □ 안에 알맞은 수는 44입니다.

**02** $5\frac{1}{7}\div4=\frac{\overset{9}{\cancel{36}}}{7}\times\frac{1}{\underset{1}{\cancel{4}}}=\frac{9}{7}=1\frac{2}{7}$이므로

$1\frac{2}{7}<$□에서 □ 안에 들어갈 수 있는 가장 작은 자연수는 2입니다.

**03** ㉮와 25의 합이 36이므로 ㉮=11이고
㉯와 16의 합이 36이므로 ㉯=20입니다.
따라서 ㉮+㉯=11+20=31입니다.

**04** ㉠+㉡+㉢=6+4+6=16

**05** 가장 큰 수는 9.2, 가장 작은 수는 5이므로
$9.2\div5=1.84$이고 $1.84\times100=184$입니다.

**06** ㉠=$43.56\div6=7.26$이므로
㉠$\times100=7.26\times100=726$입니다.

**07** 기준량은 8, 비교하는 양은 7입니다.

7 : 8 ➡ $\frac{7}{8}=0.875$ ➡ 87.5 %

**08** ① 8 % ② 7 % ③ 6 % ④ 5 % ⑤ 7 %

**09** $160\times\frac{25}{100}=40$

**10** (수학의 백분율)
$=100-(43+18+7)=32$(%)
(수학이 차지하는 길이)
$=15\times\frac{32}{100}=4.8$(cm)
㉠=4.8이므로 ㉠$\times10=48$입니다.

**11** (정육각형의 둘레)
=(정사각형의 둘레)$=1\frac{4}{5}\times4=\frac{36}{5}$(cm)
(정육각형의 한 변의 길이)
$=\frac{36}{5}\div6=1\frac{1}{5}$(cm)
따라서 ㉮=1, ㉯=5, ㉰=1이므로
㉮+㉯+㉰=7입니다.

**12** □$=1\frac{4}{5}\div6\times11-1\frac{3}{4}\div7\times5$

$=\frac{\overset{3}{\cancel{9}}\times11}{5\times\underset{2}{\cancel{6}}}-\frac{\overset{1}{\cancel{7}}\times5}{4\times\underset{1}{\cancel{7}}}=\frac{33}{10}-\frac{5}{4}$

$=\frac{66}{20}-\frac{25}{20}=\frac{41}{20}=2\frac{1}{20}$(kg)

따라서 $2\frac{1}{20}\times20=\frac{41}{\underset{1}{\cancel{20}}}\times\overset{1}{\cancel{20}}=41$입니다.

**13** 각기둥의 한 밑면의 변의 수를 □개라 하면
(□×2)+(□+2)=35,
□×3+2=35, □=11
이므로 십일각기둥입니다.
(십일각기둥의 모서리의 수)$=11\times3=33$(개)

**14** □각뿔의 모서리의 수는 □×2,
□각뿔의 면의 수는 □+1이므로
(□×2)+(□+1)=61
□×3+1=61
□×3=60
□=20입니다.

**15** 양초가 1분 동안 탄 길이는
$(20.28-16.68)\div15=0.24$(cm)입니다.
따라서 7분이 더 지나면 양초의 길이는
$16.68-0.24\times7=15$(cm)가 됩니다.

**16** (가로의 길이)$=24.8\div2-3.2$
$=12.4-3.2=9.2$(cm)
색칠한 부분의 넓이는 전체 직사각형 넓이의 $\frac{1}{4}$
이므로 $9.2\times3.2\div4=7.36$($cm^2$)

➡ ★×100=7.36×100=736

**17** 처음 정사각형의 넓이를 1로 생각하면 나중 정사각형의 넓이는 1.2×1.2=1.44입니다.
따라서 넓이는 44 % 늘어납니다.

**18** $\frac{10+25}{90+10+25}\times100=28(\%)$

**19** $300\times\frac{35}{100}-300\times\frac{15}{100}$
=105−45=60(명)

**20** 중학생은 전체의 30 %이고 초등학생은 전체의 100−(30+25+10)=35(%)이므로
5 % 차이가 납니다.
따라서 초등학생은 중학생보다
15000×0.05=750(명) 더 많습니다.

**21** 병이 가진 양을 □kg이라 하면,
을이 가진 양은 (□×2) kg,
갑이 가진 양은 $\left(□\times2-1\frac{2}{5}\right)$ kg이므로
$□+□\times2+□\times2-1\frac{2}{5}=18\frac{3}{5}$입니다.
$□\times5=18\frac{3}{5}+1\frac{2}{5}=20$, □=20÷5=4

**22** ㉠ 밑면이 다각형이고, 옆면이 직사각형인 입체도형은 각기둥입니다.
㉡ □각형에서 대각선의 총 개수는
□×(□−3)÷2이므로
□×(□−3)÷2=27,
□×(□−3)=54, □=9입니다.
따라서 모서리의 수는 9×3=27(개)입니다.

**23** 6.7에 어떤 자연수를 곱한 결과도 소수 한 자리 수이므로 바른 답을 ㉠이라 하면 잘못된 답은 10×㉠입니다.
10×㉠−㉠=844.2
9×㉠=844.2
㉠=93.8
따라서 10×㉠=10×93.8=938입니다.

**24** 지난해 남녀 학생 수의 $\frac{1}{50}$이 증가하면
$1350\times\frac{1}{50}=27$(명)이 증가해야 하지만
39명이 늘어난 이유는 여학생이 $\frac{1}{50}$보다 많은 $\frac{1}{25}$이 증가했기 때문입니다.
따라서 지난해 여학생 수는
$(39-27)\div\left(\frac{1}{25}-\frac{1}{50}\right)=600$(명)입니다.

**25** (오락 부분과 운동 부분의 중심각의 합)
$=360°\times\frac{17}{30}=204°$
(운동 부분의 중심각)
=(204°−36°)÷2=84°
(운동 부분의 길이)$=30\times\frac{84°}{360°}=7$(cm)

**26** 가×나$=2\frac{3}{8}=\frac{19}{8}=\frac{38}{16}$, 다×나$=\frac{1}{16}$,
라×나$=1\frac{1}{4}=\frac{5}{4}=\frac{20}{16}$
공통으로 곱해지는 수가 나이므로 나를 $\frac{1}{16}$이라 가정하면 가=38, 다=1, 라=20입니다.
➡ (가÷다)×(라÷다)
=(38÷1)×(20÷1)
=38×20=760

**27**

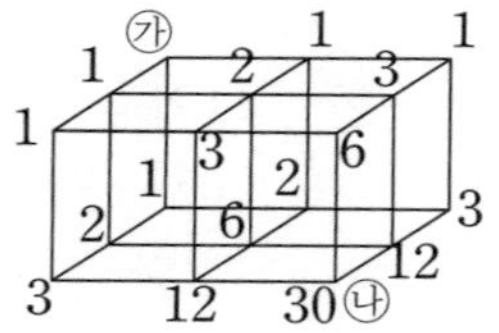


**28**

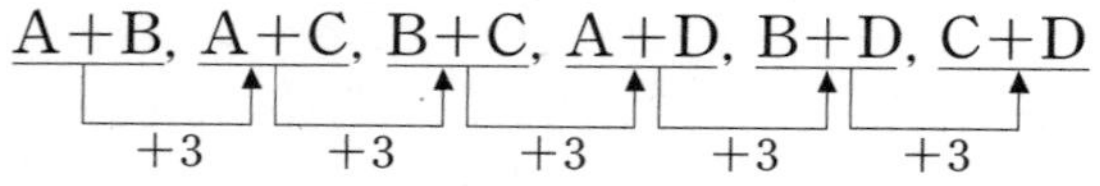


C와 B의 차는 3, B와 A의 차는 3, D와 C의 차는 6이므로

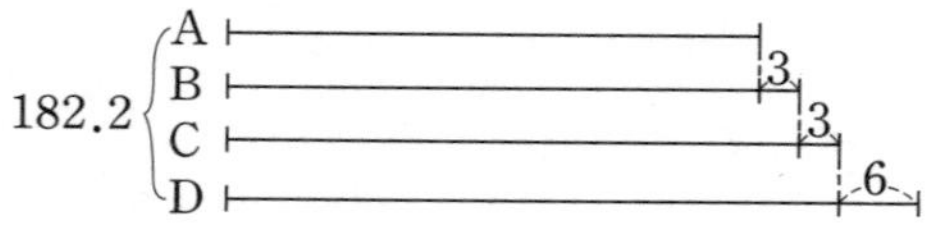


A={182.2−(3+6+12)}÷4=40.3입니다.
따라서 D=40.3+12=52.3이므로 일의 자리 숫자는 2입니다.

**29** (남동생)×0.4=(여동생)×$\frac{1}{3}$
➡ (남동생)×$\frac{2}{5}$=(여동생)×$\frac{2}{6}$

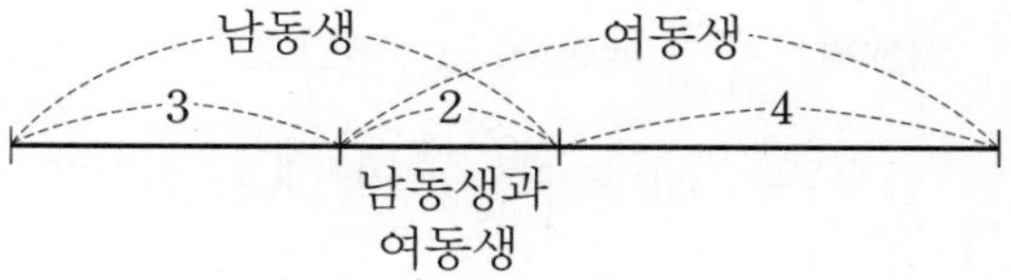


동생이 있는 학생 수는 200−20=180(명)이므로 여동생이 있는 학생 수는 $180\times\frac{6}{9}=120$(명)입니다.

**30** (국어를 좋아하는 학생 수)
=1500×0.58=870(명)
(수학을 좋아하는 학생 수)
=1500×0.68=1020(명)
(국어 또는 수학을 좋아하는 학생 수)
=870+1020−600=1290(명)
(국어와 수학을 모두 좋아하지 않는 학생 수)
=1500−1290=210(명)

## 2 회 68~77쪽

| | | | | | |
|---|---|---|---|---|---|
| **01** | ③ | **02** | 4 | **03** | ④ |
| **04** | 112 | **05** | 232 | **06** | 48 |
| **07** | ① | **08** | 45 | **09** | 9 |
| **10** | 35 | **11** | 52 | **12** | 29 |
| **13** | 20 | **14** | 360 | **15** | ② |
| **16** | 407 | **17** | ② | **18** | 3 |
| **19** | 300 | **20** | 108 | **21** | 4 |
| **22** | 74 | **23** | ④ | **24** | 25 |
| **25** | 20 | **26** | 66 | **27** | ④ |
| **28** | 70 | **29** | 11 | **30** | 120 |

**02** $2\frac{1}{5}\div3+49\div15=\frac{11}{5\times3}+\frac{49}{15}$
$=\frac{11}{15}+\frac{49}{15}$
$=\frac{60}{15}=4$

**03** ④ 밑면과 옆면이 수직으로 만나는 것은 각기둥입니다.

**04** (20+8)×4=112(cm)

**05** ☆×24=55.68 ➡ ☆=55.68÷24=2.32
☆×100=2.32×100=232

**06** (밑변의 길이)=36×2÷15=4.8(cm)
➡ 4.8×10=48

**07** 100 %=$\frac{100}{100}$=1입니다.
(㉯에 대한 ㉮의 비율)=$\frac{㉮}{㉯}$=1이므로
㉮=㉯입니다.

**08** 민수 : $\frac{12}{30}\times100=40$(%)
란주 : $\frac{18}{40}\times100=45$(%)

**09** $30\times\frac{6}{20}=9$(cm)

**10** 재활용이 불가능한 종이류는 모두 20 kg이고 이중에서 합성벽지는 7 kg이므로 원그래프로 나타내면 백분율은 $\frac{7}{20}\times100=35$(%)입니다.

**11** $7\frac{1}{5}\times2\frac{3}{4}\div5=\frac{36}{5}\times\frac{11}{4}\times\frac{1}{5}$
$=\frac{99}{25}=3\frac{24}{25}$(kg)
➡ 3+25+24=52

**12** 5상자의 무게가 $53\frac{3}{4}$ kg이므로 한 상자의 무게는 $53\frac{3}{4}\div5=10\frac{3}{4}$(kg)입니다.
(귤 19개의 무게)=$10\frac{3}{4}-\frac{3}{4}=10$(kg)
(귤 한 개의 무게)=$10\div19=\frac{10}{19}$(kg)
➡ 19+10=29

**13** 삼각기둥의 면의 수는 5개, 꼭짓점의 수는 6개, 모서리의 수는 9개이므로 합은
5+6+9=20(개)입니다.

**14** (도화지의 넓이)=22×20=440($cm^2$)
(각기둥의 전개도의 넓이)
=4×3×2+(4+3+4+3)×4
=24+56=80($cm^2$)
따라서 전개도를 오려 내고 남은 도화지의 넓

이는 $440-80=360(cm^2)$입니다.

**15** $4\frac{1}{10}=4.1$이므로 3.75와 $4\frac{1}{10}$의 차는 $4.1-3.75=0.35$입니다.
0.35를 5등분 하면 한 칸의 크기는 $0.35\div5=0.07$이므로
㉠$=3.75+0.07=3.82$입니다.

**16** (가 자동차가 1 L로 갈 수 있는 거리)
$=27.8\div4=6.95$(km)
(나 자동차가 1 L로 갈 수 있는 거리)
$=77.14\div7=11.02$(km)
(휘발유 100 L로 갈 수 있는 두 자동차의 거리의 차)
$=11.02\times100-6.95\times100$
$=1102-695=407$(km)

**17** 처음에 판 금액이 $1200\times\frac{5}{4}=1500$(원)이므로 300원의 이익을 얻었습니다.
다시 우표를 $1500+400=1900$(원)에 사서 $1200\times2=2400$(원)에 팔았으므로 500원의 이익을 얻었습니다.
따라서 모두 $300+500=800$(원)의 이익을 얻었습니다.

**18** 영수가 채점 도중에 맞힌 문제 수가 30문제의 70 %이므로 $30\times0.7=21$(개)입니다.
그런데 상을 받으려면 30문제 중 80 % 이상을 맞혀야 하므로 $30\times0.8=24$(개) 이상을 맞혀야만 합니다.
따라서 영수는 앞으로 $24-21=3$(개) 이상의 문제를 더 맞혀야 합니다.

**19** (기타의 비율)$=\frac{1}{10}\times100=10$(%)
(배의 비율)$=100-(38+25+12+10)$
$=100-85=15$(%)
따라서 전체 학생 수의 15 %가 45명이므로 6학년 전체 학생 수는 $45\div15\times100=300$(명)입니다.

**20** 일주일 동안 나온 쓰레기의 양 중 재활용품은 $1200\times\frac{45}{100}=540$(kg)이므로
금속류는 $540\times\frac{20}{100}=108$(kg)입니다.

**21** $1\frac{2}{7}\div\square=\frac{9}{7\times\square}$이므로
$\frac{9}{7\times\square}<\frac{3}{8}=\frac{9}{24}$입니다.
따라서 $7\times\square>24$이므로 □ 안에 들어갈 수 있는 수 중에서 가장 작은 수는 4입니다.

**22** 각뿔의 밑면의 변의 수를 □라 하면 면의 수는 $\square+1$, 모서리의 수는 $\square\times2$, 꼭짓점의 수는 $\square+1$이므로 $\square+1+\square\times2+\square+1=50$,
$\square\times4=48$, $\square=12$입니다.
따라서 십이각기둥의 면의 수, 모서리의 수, 꼭짓점의 수의 합은
$(12+2)+(12\times3)+(12\times2)=74$입니다.

**23** $\frac{2}{5}=0.4$, $\frac{3}{4}=0.75$이므로 두 지점 사이의 거리는 $0.75-0.4=0.35$(km)입니다.
10등분 하면 $0.35\div10=0.035$(km)이므로 사과나무는 집에서 $0.4+0.035\times6=0.61$(km) 떨어진 곳에 있습니다.

**24** 가장 큰 정삼각형의 넓이를 1이라고 하면 색칠한 정삼각형의 넓이는
$1\times\frac{1}{4}\times\frac{1}{4}\times\frac{1}{4}\times\frac{1}{4}=\frac{1}{256}$이므로
$\frac{1}{256}\times100=\frac{25}{64}$(%)입니다.
➡ ㉠$\times64=\frac{25}{64}\times64=25$

**25** 라는 띠그래프에서 $60\times\frac{5}{100}=3$(cm)를 차지하므로 다는 $3\times5=15$(cm)를 차지하고 가와 나가 차지하는 띠그래프의 길이는 $60-3-15=42$(cm)입니다.
가를 □라고 하면 나는 $\square\times\frac{5}{2}$입니다.
$\square+\square\times\frac{5}{2}=42$, $\square\times\frac{7}{2}=42$,
$\square=12$(cm)
따라서 가의 비율은 $\frac{12}{60}\times100=20$(%)입니다.

**26** 전체 귤의 양을 1이라고 하면

(㉮ 상자 1개)+(㉯ 상자 1개)$=\frac{1}{30}$

(㉮ 상자 24개)+(㉯ 상자 35개)=1

(㉮ 상자 35개)+(㉯ 상자 35개)$=\frac{35}{30}$

따라서 ㉮ 상자는 1개에 담을 수 있는 귤의 양이

$\left(\frac{35}{30}-1\right)\div(35-24)=\frac{1}{66}$이므로

모두 66개 필요합니다.

**27**

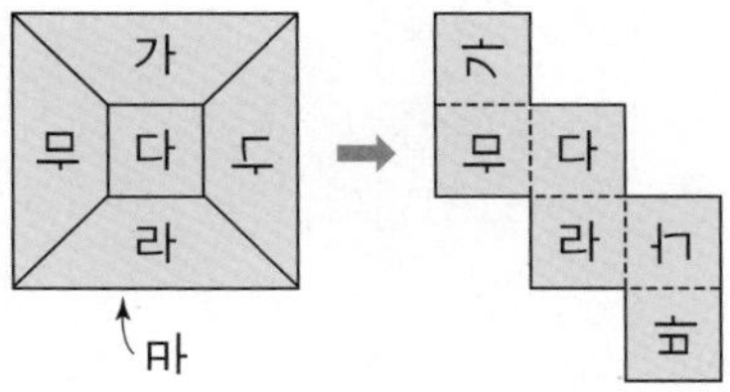


**28** (두 번째 튀어 오른 높이)

$=22.4\div4\times5+20=48$(cm)

(첫 번째 튀어 오른 높이)

$=48\div4\times5-20=40$(cm)

따라서 처음 공의 높이는 땅바닥에서부터

$40\div4\times5+20=70$(cm)인 곳입니다.

**29** (14 %의 소금물 300 g에 녹아 있는 소금의 양)

$=300\times0.14=42$(g)

(6 %의 소금물 150g에 녹아 있는 소금의 양)

$=150\times0.06=9$(g)

(소금 51 g이 녹아 15 %의 소금물이 되었을 때, 소금물의 양)$=51\div0.15=340$(g)

(매일 증발한 물의 양)

$=(300+150-340)\div10=11$(g)

**30** 미술을 좋아하는 학생을 □명이라 하면

(체육)=□+10(명), (국어)=□×2(명),

(수학)=62명입니다.

미술을 좋아하는 학생이 전체의 10%이므로

전체 학생 수는 □×10입니다.

□+□+10+□×2+62=□×10,

□×6=72, □=12

따라서 전체 학생 수는 12×10=120(명)입니다.

## ③회 78~87쪽

| | | | | | |
|---|---|---|---|---|---|
| **01** | ② | **02** | 3 | **03** | 66 |
| **04** | 7 | **05** | 37 | **06** | 18 |
| **07** | ① | **08** | 12 | **09** | 36 |
| **10** | 260 | **11** | 30 | **12** | 9 |
| **13** | 58 | **14** | 12 | **15** | 128 |
| **16** | 72 | **17** | 64 | **18** | 750 |
| **19** | 41 | **20** | 42 | **21** | 7 |
| **22** | 196 | **23** | 3 | **24** | 10 |
| **25** | 450 | **26** | 21 | **27** | 12 |
| **28** | 191 | **29** | 375 | **30** | 200 |

**01**

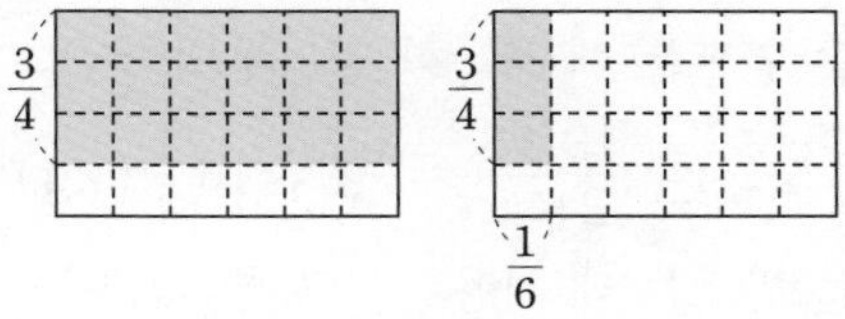


**02** ㉠ $2\frac{1}{4}\div3=\frac{9\div3}{4}=\frac{3}{4}$

㉡ $7\frac{1}{2}\div2=\frac{15}{2}\times\frac{1}{2}=\frac{15}{4}=3\frac{3}{4}$

➡ $3\frac{3}{4}-\frac{3}{4}=3$

**03** (모든 모서리의 길이의 합)

$=6\times6+10\times3=36+30=66$(cm)

**04** 5×5+㉠×5=60

㉠×5=35

㉠=7(cm)

**05** ㉮$=44.4\div3\div4=3.7$이므로

㉮×10=37입니다.

**06** 벽의 넓이는 $6\times2=12(m^2)$이므로

$1m^2$를 칠하는데 사용한 페인트의 양은

$21.6\div12=1.8$(L)입니다.

➡ ㉠=1.8이므로 ㉠×10=1.8×10=18입니다.

**07** (비율)$=\frac{\text{(비교하는 양)}}{\text{(기준량)}}$

① 85 % ➡ $\frac{85}{100}$　② $1=\frac{1}{1}$

③ $1.4=\frac{14}{10}$　④ 120 % ➡ $\frac{120}{100}$

**08** 숫자면이 나온 횟수를 □라고 하면

$\frac{□}{20}=\frac{2}{5}$, □=8입니다.

따라서 그림면은 20−8=12(번) 나온 것입니다.

**09** $240\times\frac{15}{100}=36$(명)

**10** $91\div35\times100=260$(명)

**11** $3\frac{7}{15}\div8\times□=\frac{\overset{13}{\cancel{52}}}{15}\times\frac{1}{\underset{2}{\cancel{8}}}\times□=\frac{13}{30}\times□$

따라서 계산 결과가 자연수가 되기 위해서 □ 안에 들어갈 수 있는 가장 작은 자연수는 30입니다.

**12** 식빵을 만드는 데 사용한 밀가루의 양은

$6\frac{1}{2}\times5\div2=\frac{13\times5}{2\times2}=\frac{65}{4}=16\frac{1}{4}$(kg)이고,

도넛을 만드는 데 사용한 밀가루의 양은

$5\frac{1}{4}\div3=\frac{21\div3}{4}=\frac{7}{4}=1\frac{3}{4}$(kg)이므로

사용한 밀가루의 양은

$16\frac{1}{4}+1\frac{3}{4}=18$(kg)입니다.

따라서 남은 밀가루의 양은

27−18=9(kg)입니다.

**13** 꼭짓점의 수가 30개인 각뿔은 이십구각뿔입니다.

(이십구각뿔의 모서리의 수)

=29×2=58(개)

**14** 조건을 모두 만족하는 입체도형은 사각기둥입니다.

따라서 사각기둥의 모서리의 수는 4×3=12(개)입니다.

**15** 6.4 cm=64 mm이므로 용지 한 장의 두께는 64÷500=0.128(mm)입니다.

㉠=0.128이므로 ㉠×1000=128입니다.

**16** 가장 큰 수를 가장 작은 수로 나눌 때의 몫이 가장 큽니다.

㉠=86.4÷12=7.2이므로 ㉠×10=72입니다.

**17** (특석에 앉은 관람객 수)

=4000×0.8×0.02=64(명)

**18** 전체의 $\frac{54}{100}\times\frac{4}{9}=\frac{6}{25}$에 해당하는 학생이 축구를 좋아하는 학생으로 180명입니다.

따라서 전체 학생 수는 모두

180÷6×25=750(명)입니다.

**19** (㉮와 ㉯의 비율의 차)$=\frac{3}{30}\times100=10$(%)

㉮의 비율을 □%라 하면

(㉮의 비율)+(㉯의 비율)

=100−28=72(%)

(㉮의 비율)+(㉯의 비율)

=□+(□−10)=72(%)

□+□=82, □=41입니다.

**20** (농경지의 넓이)

$=300\times\frac{35}{100}=105(km^2)$

(밭이 차지하는 넓이)

$=105\times\frac{40}{100}=42(km^2)$

**21** $2\frac{□}{15}\div6\times45=\frac{(30+□)\times45}{15\times6}=\frac{30+□}{2}$

대분수는 자연수와 진분수의 합이므로 □는 15보다 작은 짝수입니다.

따라서 □ 안에 들어갈 수 있는 수는 2, 4, 6, 8, 10, 12, 14이므로 모두 7개입니다.

**22** 2 m 80 cm=280 cm이므로 꼭짓점을 제외한 한 모서리에는 (280÷14)−1=19(개)의 점을 찍을 수 있습니다.

따라서 모서리의 수는 10개이고 꼭짓점에 찍히는 점을 포함하면 모두 19×10+6=196(개)의 점을 찍을 수 있습니다.

**23** (사과 4개)+(배 5개)=2.3(kg) …… ①

(사과 3개)+(배 2개)=1.2(kg) …… ②

①과 ②를 더하면

(사과 7개)+(배 7개)=3.5(kg),

(사과 1개)+(배 1개)=0.5(kg)

(사과 3개)+(배 3개)=1.5(kg) …… ③

③에서 ②를 빼면

(배 1개)=1.5−1.2=0.3(kg)

따라서 배 10개는 0.3×10=3(kg)입니다.

**24** ㉯비커의 소금의 양은 $320\times\frac{125}{1000}=40(\text{g})$입니다.
새로운 비커에 섞을 ㉮비커의 소금물 절반은 소금 10 g을 포함한 물 130 g이고, ㉯비커의 소금물은 소금 20 g을 포함한 물 160 g이므로 총 소금 30 g을 포함한 물 290 g입니다.
따라서 물 10 g을 추가하여 진하기를 계산하면
$\frac{30}{290+10}\times100=10(\%)$입니다.

**25** (축구)+(술래잡기)
$=560-280-56=224$(명)
(축구)−(술래잡기)=56(명)이므로
(술래잡기)$=(224-56)\div2=84$(명)입니다.
따라서 술래잡기가 차지하는 부분의 길이는
$30\times\frac{84}{560}=4.5(\text{cm})$입니다.
㉠=4.5이므로 ㉠×100=450입니다.

**26** 

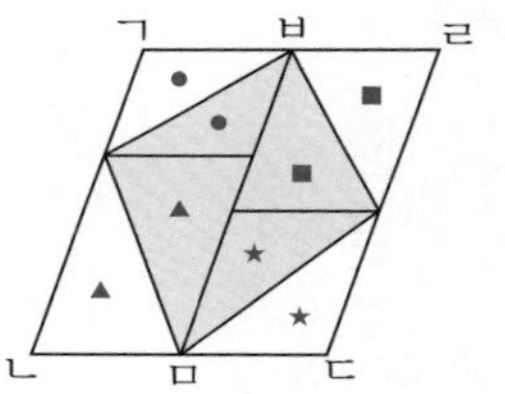


점 ㅁ과 점 ㅂ을 이으면 변 ㅂㅁ과 변 ㄱㄴ, 변 ㄹㄷ은 모두 평행한 변이 되고, 사각형 ㄱㄴㅁㅂ과 사각형 ㅂㅁㄷㄹ은 평행사변형이 됩니다.
밑변의 길이가 같고 높이가 같은 삼각형은 넓이가 같으므로 색칠한 부분의 넓이는 평행사변형 ㄱㄴㄷㄹ의 넓이의 반입니다.
따라서 색칠한 부분의 넓이는
$5\frac{1}{4}\div2=\frac{21}{4\times2}=\frac{21}{8}(\text{cm}^2)$이고
8배 하면 $\frac{21}{8}\times8=21(\text{cm}^2)$입니다.

**27** 전개도에서 ㉠에 해당하는 길이는 4개, ㉡에 해당하는 길이는 6개 있습니다.
㉠×4+㉡×6=110이므로 ㉠>㉡이면서 ㉠, ㉡ 모두 자연수인 길이를 찾으면
(㉠, ㉡)은 (26, 1), (23, 3), (20, 5), (17, 7), (14, 9)의 5가지가 있습니다.
(㉠, ㉡)이 (26, 1)일 때 각기둥의 모든 모서리의 길이의 합은 $26\times3+1\times6=84$(cm)
(㉠, ㉡)이 (23, 3)일 때 각기둥의 모든 모서리의 길이의 합은 87 cm
(㉠, ㉡)이 (20, 5)일 때 각기둥의 모든 모서리의 길이의 합은 90 cm
(㉠, ㉡)이 (17, 7)일 때 각기둥의 모든 모서리의 길이의 합은 93 cm
(㉠, ㉡)이 (14, 9)일 때 각기둥의 모든 모서리의 길이의 합은 96 cm
➡ $96-84=12$(cm)

**28** (다와 라의 길이의 합)$=85.4\div2=42.7(\text{cm})$
(다의 길이)$=(42.7-1.5)\div2=20.6(\text{cm})$
(가의 길이)$=20.6+3=23.6(\text{cm})$
(나의 길이)$=42.7-23.6=19.1(\text{cm})$
따라서 나의 길이의 10배는
$19.1\times10=191(\text{cm})$입니다.

**29** 400원에 사 와서 20 %의 이익을 붙여 값을 정하였으므로 1개당 80원씩 이익을 보게 됩니다.
모두 6000원의 이익을 보았지만 실제로는 썩은 사과 50개의 값 $50\times400=20000$(원)의 이익을 더 본 것과 같습니다.
(판 사과의 수)$=(20000+6000)\div80$
$=325$(개)
(사 온 사과의 수)$=325+50=375$(개)

**30**

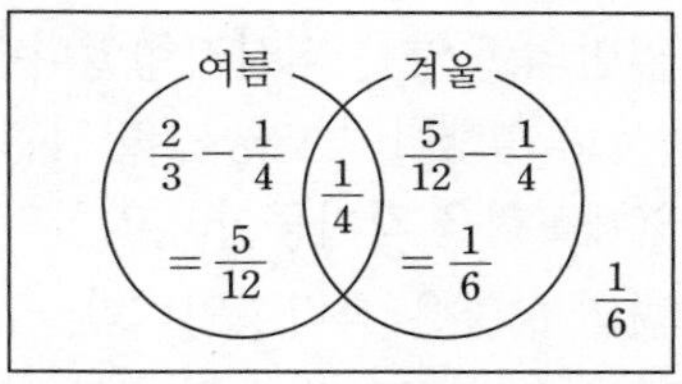


따라서 여름도 겨울도 좋아하지 않는 학생은
$1-\left(\frac{5}{12}+\frac{1}{4}+\frac{1}{6}\right)=\frac{1}{6}$이므로
$1200\times\frac{1}{6}=200$(명)입니다.

## KMA 최종 모의고사

### 1회 88~97쪽

| | | |
|---|---|---|
| 01 21 | 02 28 | 03 ④ |
| 04 16 | 05 ③ | 06 ④ |
| 07 3 | 08 24 | 09 75 |
| 10 600 | 11 15 | 12 196 |
| 13 ④ | 14 65 | 15 251 |
| 16 2 | 17 6 | 18 96 |
| 19 45 | 20 54 | 21 6 |
| 22 510 | 23 312 | 24 52 |
| 25 12 | 26 48 | 27 38 |
| 28 71 | 29 300 | 30 120 |

**01** $6\frac{2}{9}\div8\times27=\frac{\overset{7}{\cancel{56}}}{\underset{1}{\cancel{9}}}\times\frac{1}{\underset{1}{\cancel{8}}}\times\overset{3}{\cancel{27}}=21$

**02** (깡통 20개의 무게)
$=$(깡통 1개의 무게)$\times20$
$=18\frac{1}{5}\div13\times20$
$=\frac{91}{5}\times\frac{1}{13}\times20$
$=28$(kg)

**03** ① 각기둥의 옆면의 모양은 직사각형입니다.
② 두 밑면이 서로 평행하고 합동인 다각형으로 이루어진 입체도형을 각기둥이라고 합니다.
③ 각뿔의 옆면의 모양은 삼각형입니다.
⑤ 각뿔에서 면의 수는 꼭짓점의 수와 같습니다.

**04** 오각뿔의 면의 수는 6개, 모서리의 수는 10개이므로 면의 수와 모서리의 수의 합은 $6+10=16$(개)입니다.

**05** 나눗셈의 몫이 가장 크려면 나누는 수는 가장 작고 나누어지는 수는 가장 커야 합니다.

**06** $6\times5=30$, $6\times6=36$이고 34.92는 30보다 36에 가까우므로 나눗셈의 몫은 6에 더 가깝습니다.

**07** $3:5$ ➡ $\frac{3}{5}=0.6$

㉠ $\frac{2}{10}=0.2$ ㉡ $\frac{13}{20}=0.65$

㉢ $\frac{14}{10}=1.4$ ㉣ $\frac{6}{5}=1.2$ ㉤ 0.35

따라서 $3:5$보다 비율이 큰 것은 ㉡, ㉢, ㉣이므로 모두 3개입니다.

**08** (비율)$=\frac{\text{(비교하는 양)}}{\text{(기준량)}}$이므로 비율이 같은 분수 중 분모와 분자의 합이 54인 분수를 찾아봅니다.
$\frac{5\times6}{4\times6}=\frac{30}{24}$이므로 조건을 만족하는 비는 $30:24$입니다.
따라서 ㉡의 값은 24입니다.

**09** $500\times\frac{15}{100}=75$(마리)

**10** 한 달 동안 마트에서 판 사탕의 개수를 □개라고 하면
$\square\times\frac{12}{100}=72$, $\square=600$(개)

**11** 어떤 수를 □라고 하여 식을 세우면
$\square\div21\times5=3\frac{4}{7}$입니다.
➡ $\square=3\frac{4}{7}\div5\times21=\frac{\overset{5}{\cancel{25}}\times\overset{3}{\cancel{21}}}{\underset{1}{\cancel{7}}\times\underset{1}{\cancel{5}}}=15$

**12** 어제와 오늘 전체 사과나무의
$\frac{4}{7}+\frac{1}{4}=\frac{16}{28}+\frac{7}{28}=\frac{23}{28}$을 땄습니다.
따지 않은 사과나무는 전체 사과나무의
$1-\frac{23}{28}=\frac{5}{28}$이므로
상원이네 과수원에 있는 사과나무는
$35\div5\times28=196$(그루)입니다.

**14** □각뿔에서 모서리의 수는 $\square\times2$, 면의 수는 $\square+1$입니다.
$\square\times2+\square+1=196$, $\square\times3=195$, $\square=65$
따라서 65각뿔입니다.

**15** 어떤 수를 □라 하면, $\square\div3.6=25\cdots0.5$이므로 $\square=3.6\times25+0.5=90.5$입니다.
따라서 $90.5\div36=2.513\cdots\cdots$이고, 반올림하여 소수 둘째 자리까지 나타내면 2.51입니다.
㉠$=2.51$이므로 ㉠$\times100=251$입니다.

**16** ㉠ $5\div6=0.8333\cdots$이므로 소수 4번째 자리의 숫자는 3입니다.

㉡ $3\div11=0.2727\cdots$이므로 소수 23번째 자리의 숫자는 2입니다.

**17** (안경을 쓴 학생 수)$=40\times0.6=24$(명)
(안경을 쓴 남학생 수)$=24\times0.75=18$(명)
따라서 안경을 쓴 여학생 수는 $24-18=6$(명)입니다.

**18** 6 m=600 cm이므로
$600\times\frac{40}{100}\times\frac{40}{100}=96$(cm)입니다.

**19** (5학년의 비율)$=\frac{6}{20}\times100=30$(%)
(6학년의 비율)$=30\times\frac{2}{3}=20$(%)
(4학년의 비율)$=100-35-30-20=15$(%)
(4학년 학생 수)$=300\times\frac{15}{100}=45$(명)

**20** (감과 포도가 차지하는 비율)
$=100-(34+30)=36$(%)
(포도가 차지하는 비율)
$=36\div4\times3=27$(%)
(포도가 차지하는 길이)
$=20\times\frac{27}{100}=5.4$(cm)
㉠=5.4이므로 ㉠×10=54입니다.

**21** 가⊙나$=\frac{가}{나}\div$(나+3)×5
=가÷나÷(나+3)×5
➡ $21\frac{3}{5}⊙3=21\frac{3}{5}\div3\div(3+3)\times5$
$=\frac{108}{5}\div3\div6\times5=6$

**22** 밑면이 직사각형이므로 사각기둥이고 밑면의 세로의 길이는 $63\div9=7$(cm)입니다.
모든 모서리의 길이의 합이 112 cm이므로 각기둥의 높이는
$(112-9\times4-7\times4)\div4=12$(cm)입니다.
따라서 각기둥의 전개도의 넓이는
$63\times2+(9+7+9+7)\times12=510(cm^2)$
입니다.

**23** 지혜의 몸무게를 □kg이라 하면
□+□×1.8+□×2.2=156,
□×5=156, □=31.2
따라서 지혜의 몸무게는 31.2 kg입니다.
㉠=31.2이므로
㉠×10=31.2×10=312입니다.

**24** (노란 공의 개수)$=120\times\frac{2}{5}=48$(개)
(파란 공의 개수)$=120\times\frac{1}{6}=20$(개)
(빨간 공의 개수)$=120-48-20=52$(개)

**25** ㉰$=\frac{90^\circ}{360^\circ}\times100=25$(%)
㉮$=100-(25+42)=33$(%)
따라서 ㉱$=45-33=12$(%)입니다.

**26**

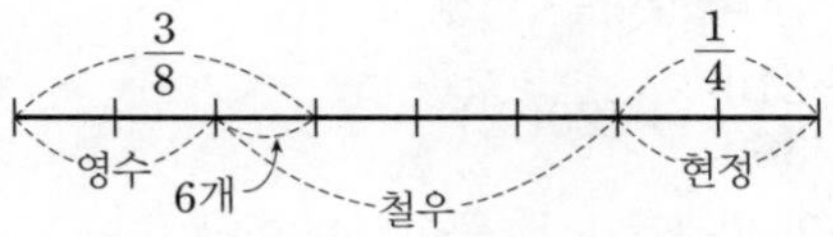


영수와 철우가 가진 사탕은 전체의
$1-\frac{1}{4}=\frac{3}{4}$이므로
영수가 가진 사탕은 전체의
$\frac{3}{4}\div(1+2)=\frac{3\div3}{4}=\frac{1}{4}$입니다.
전체의 $\frac{3}{8}-\frac{1}{4}=\frac{1}{8}$이 6개이므로 유란이가 처음에 가지고 있던 사탕은 모두 $6\times8=48$(개)입니다.

**27**

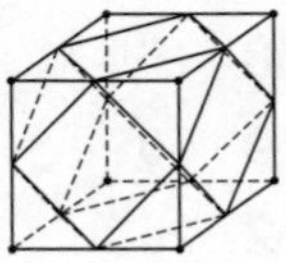

각 꼭짓점에 모인 세 모서리의 중점을 지나는 평면으로 자를 때마다 모서리는 3개씩 생기고, 면은 하나씩 늘어나므로 모서리의 수는 $3\times8=24$(개)이고, 면의 수는 $6+8=14$(개)입니다. 따라서 $24+14=38$(개)입니다.

**28**
- △가 0부터 5까지일 때 □는 0부터 9까지 모두 들어갈 수 있으므로 $10\times6=60$(개)
- △가 6일 때 23.□4>23.23에서 □는 2부터 9까지 8개
- △가 7일 때 23.□4>23.73에서 □는 7, 8, 9로 3개
- △가 8일 때 23.□4>24.23에서 □는 없습니다.

따라서 (□, △)의 쌍은 60+8+3=71(개)입니다.

**29** (㉮와 ㉯의 정가의 합)
=33600÷84×100=40000(원)
㉮와 ㉯ 모두 정가보다 15% 싸게 샀다고 하면
40000×(1−0.15)=34000(원)을 내야 합니다.
34000−33600=400(원)의 차이는 ㉯의 정가의 19−15=4(%)에 해당하므로
(㉯의 정가)=400÷4×100=10000(원)
(㉮의 정가)=40000−10000=30000(원)
따라서 (㉮의 정가)÷100=30000÷100=300입니다.

**30** 발야구를 좋아하는 학생 :
$720\times\frac{210^\circ}{360^\circ}=420$(명)
발야구와 피구를 모두 좋아하는 학생 :
$720\times\frac{150^\circ}{360^\circ}=300$(명)
발야구는 좋아하지만 피구는 싫어하는 학생 :
420−300=120(명)

## 2회 98~107쪽

| | | |
|---|---|---|
| 01 7 | 02 28 | 03 ④ |
| 04 ② | 05 168 | 06 16 |
| 07 75 | 08 6 | 09 50 |
| 10 163 | 11 22 | 12 24 |
| 13 16 | 14 24 | 15 248 |
| 16 17 | 17 225 | 18 9 |
| 19 48 | 20 78 | 21 4 |
| 22 98 | 23 22 | 24 36 |
| 25 15 | 26 48 | 27 184 |
| 28 192 | 29 45 | 30 5 |

**01** $8\frac{1}{6}\div21\times18=\frac{49}{6}\times\frac{1}{21}\times18=7$

**02** (통조림 한 개의 무게)
$=1\frac{3}{4}\div5=\frac{7}{4}\times\frac{1}{5}=\frac{7}{20}$(kg)
(통조림 80개의 무게)
$=\frac{7}{20}\times80=28$(kg)

**03** ④ 옆면의 모양은 직사각형이지만 항상 합동인 것은 아닙니다.

**04** ① 삼각뿔
② 각뿔의 옆면은 모두 삼각형입니다.
③ 사각뿔
④ 팔각뿔
⑤ 오각뿔

**05** (어떤 수)×32=537.6
(어떤 수)=537.6÷32=16.8
따라서 (어떤 수)×10=16.8×10=168입니다.

**06** (고속열차가 10분 동안 달린 거리)
=172.8÷108×10=16(km)

**07** (6학년 전체 학생 수)
=24+22+26=72(명)
(참가에 찬성한 학생 수)
=17+19+18=54(명)
(참가에 찬성한 학생의 비율)
$=\frac{54}{72}\times100=75$(%)

**08** 높이가 그대로이고 넓이가 늘어난 것이므로 밑변도 같은 비율(25%)로 늘어난 것입니다.
따라서 밑변을 24×0.25=6(cm)만큼 더 늘여야 합니다.

**09** 가을에 태어난 학생은 25 %, 겨울에 태어난 학생은 35 %이므로 겨울에 태어난 학생이 가을에 태어난 학생보다 35−25=10(%) 더 많습니다.
➡ $500\times\frac{10}{100}=50$(명)

**10** ㉠=48, ㉡=15, ㉢=100이므로
㉠+㉡+㉢=48+15+100=163입니다.

**11** (색칠한 부분의 넓이)
=(전체 삼각형의 넓이)÷3
$=\left(16\frac{1}{2}\times8\div2\right)\div3$
$=\frac{33}{2}\times8\times\frac{1}{2}\times\frac{1}{3}=22(cm^2)$

**12** 어떤 수를 □라고 하여 식을 세우면
□$\times6\div5=9\frac{3}{5}$입니다.
➡ □$=9\frac{3}{5}\times5\div6=\frac{48\times5}{5\times6}=8$
따라서 8의 3배는 24입니다.

**13** (면의 수)$=7+1=8$(개)
(꼭짓점의 수)$=7+1=8$(개)
따라서 면의 수와 꼭짓점의 수의 합은 16개입니다.

**14** 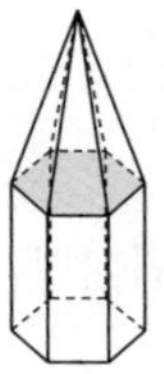
두 입체도형의 밑면을 꼭 맞닿게 붙이면 왼쪽 그림과 같이 밑면의 모서리가 겹쳐집니다.
(육각기둥의 모서리의 수)
$+$(육각뿔의 모서리의 수)$-6$
$=18+12-6=24$(개)

**15** (꽃밭의 넓이)$=12.4\times18=223.2(m^2)$
세로를 3m 줄이면 가로는
$223.2\div(18-3)=14.88(m)$가 됩니다.
따라서 가로를 $14.88-12.4=2.48(m)$ 늘여야 합니다.
㉠$=2.48$이므로 ㉠$\times100=248$입니다.

**16** 종이를 45장 연결하므로 풀칠한 부분은 44곳입니다.
(풀칠한 부분의 길이의 합)
$=30\times45-1275.2=74.8(cm)$
따라서 풀칠한 한 부분의 길이는
$74.8\div44=1.7(cm)$입니다.
㉠$=1.7$이므로 ㉠$\times10=17$입니다.

**17** (㉮의 넓이)$=8\times6\div2=24(cm^2)$,
(㉯의 넓이)$=(10+8)\times6\div2=54(cm^2)$
➡ $\frac{54}{24}\times100=225(\%)$

**18** (전체 구슬 수)$=129+171=300$(개)
전체 구슬 수에 대한 가영이의 구슬 수의 비율은
$\frac{3}{5}=0.6$이므로
(가영이의 구슬 수)$=300\times0.6=180$(개)
이어야 합니다.
따라서 웅이는 가영이에게 구슬을
$180-171=9$(개) 주어야 합니다.

**19** 연예인 : $300\times\frac{36}{100}=108$(명)
선생님 : $300\times\frac{6}{30}=60$(명)
➡ $108-60=48$(명)

**20** 한의원과 치과가 차지하는 비율은
$100-(25+35+5)=35(\%)$입니다.
(한의원의 개수)$=400\times\frac{35}{100}-62=78$(곳)

**21** $6\frac{1}{4}\times2\div5=\frac{25}{4}\times2\times\frac{1}{5}=\frac{5}{2}=2\frac{1}{2}$이므로
⊙$=2\frac{1}{2}$입니다.
$2\frac{1}{2}\times8\div$▲$=3\frac{1}{3}$이므로
▲$=2\frac{1}{2}\times8\div3\frac{1}{3}=\frac{5}{2}\times8\times\frac{3}{10}=6$입니다.
따라서 ★$=6\times2\frac{2}{3}\div4=6\times\frac{8}{3}\times\frac{1}{4}=4$입니다.

**22** 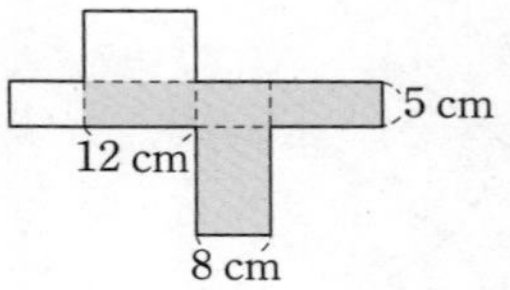

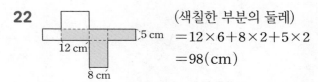

(색칠한 부분의 둘레)
$=12\times6+8\times2+5\times2$
$=98(cm)$

**23** 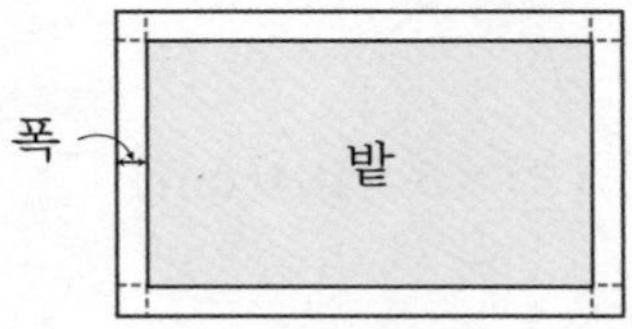

(둑의 폭)$=(118.4-100.8)\div8$
$=17.6\div8=2.2(m)$
㉠$=2.2$이므로 ㉠$\times10=22$입니다.

**24** 세 자리 자연수는 100부터 999까지 900개입니다.
백의 자리 숫자가 1, 3, 5, 7, 9인 경우 십의 자리와 일의 자리에 모두 짝수가 와야 하므로 세 자리 수는 $5\times(5\times5)=125$(개)이고 백의 자리 숫자가 2, 4, 6, 8인 경우 십의 자리와 일의 자리 중 하나만 짝수가 와야 하므로

세 자리 수는 $4\times(5\times5\times2)=200$(개)입니다.
따라서 구하는 세 자리 수는 모두
$125+200=325$(개)이므로
$\frac{325}{900}\times100=36.111\cdots$ ➡ 36 %입니다.

**25** (주황색)+(빨간색)$=135°\times\frac{7}{9}=105°$이므로
빨간색은 $105°-90°=15°$입니다.
따라서 빨간색 색종이는
$360\times\frac{15°}{360°}=15$(장)입니다.

**26** 전체 용돈을 1이라 하면 ㉮ 물건 한 개의 값은
$\frac{5}{12}$이고, ㉯ 물건 한 개의 값은
$\left(1-\frac{5}{12}\right)\div14=\frac{1}{24}$입니다.
(어머니께 받은 용돈)
$=1800\div\left(\frac{5}{12}-\frac{1}{24}\right)=4800$(원)
따라서 100원짜리 동전으로 바꾸면 동전은 모두 48개입니다.

**27** 둘레가 가장 긴 전개도는 가장 긴 모서리를 모두 자른 전개도입니다.

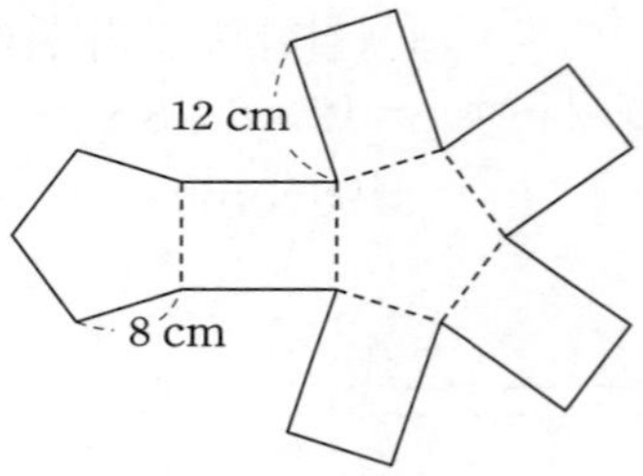


$8\times4\times2+(12\times2)\times5=184$(cm)

**28**

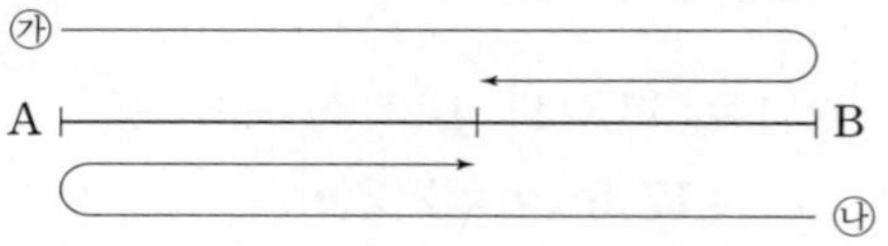


A, B 사이의 거리는 두 트럭이 처음 만날 때까지 간 거리의 합니다.
4시간 48분=4.8시간 동안 두 트럭이 달린 거리의 합은 A, B 사이의 거리의 3배이고, 두 트럭이 일정한 빠르기로 달렸으므로 총 걸린 시간도 처음 만날 때까지 걸린 시간의 3배가 됩니다.
그러므로 두 트럭이 처음 만나는 데 걸리는 시간은 $4.8\div3=1.6$(시간)입니다.
따라서 A, B 사이의 거리는
$(54+66)\times1.6=192$(km)입니다.

**29** A의 증가한 일의 양 :
$(18+3+8)-25=4$(일),
B의 감소한 일의 양 :
$25-\left(18+8\times\frac{1}{4}\right)=5$(일)
A가 4일 일하는 양은 B가 5일 일하는 양과 같으므로 A가 1일에 하는 일의 양을 $\frac{1}{4}$이라 하면
B가 1일에 하는 일의 양은 $\frac{1}{5}$입니다.
따라서 A 혼자서 일하면
$\left(\frac{1}{4}+\frac{1}{5}\right)\times25\div\frac{1}{4}=45$(일)이 걸립니다.

**30** 눈금 한 칸은 $20400\div3=6800$(원)을 나타내므로 B의 저금액은 27200원, C의 저금액은 34000원이고 남아 있는 저금액은 각각 다음과 같습니다.
A : $20400-10600=9800$(원)
B : $27200-10600=16600$(원)
C : $34000-10600=23400$(원)
(남아 있는 총 금액)
$=9800+16600+23400=49800$(원)
따라서 B가 차지하는 부분의 길이는
$15\times\frac{16600}{49800}=5$(cm)입니다.

Memo

Memo

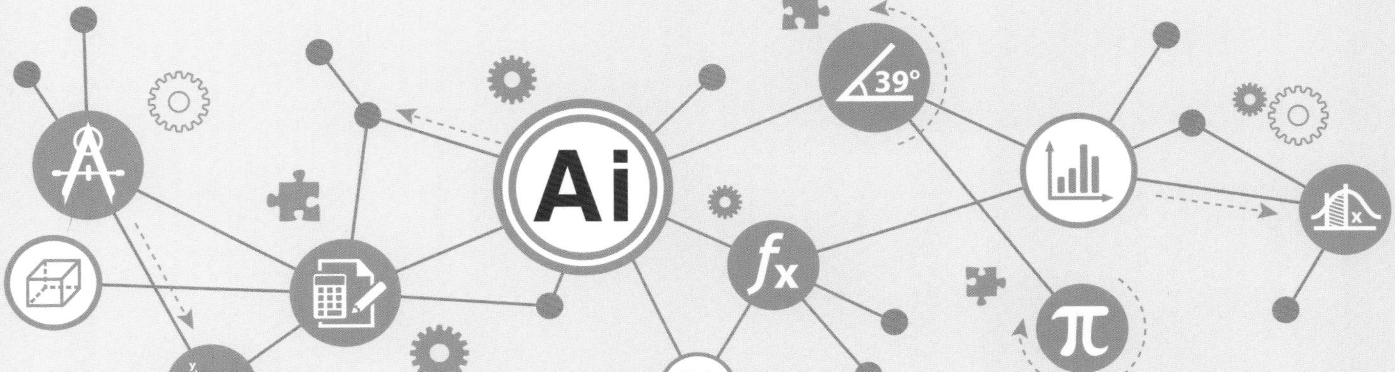
Ai
39°

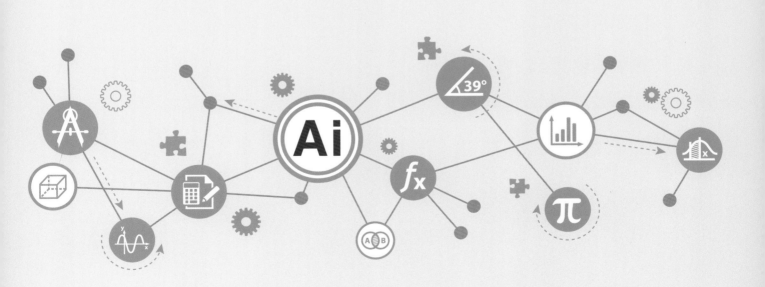

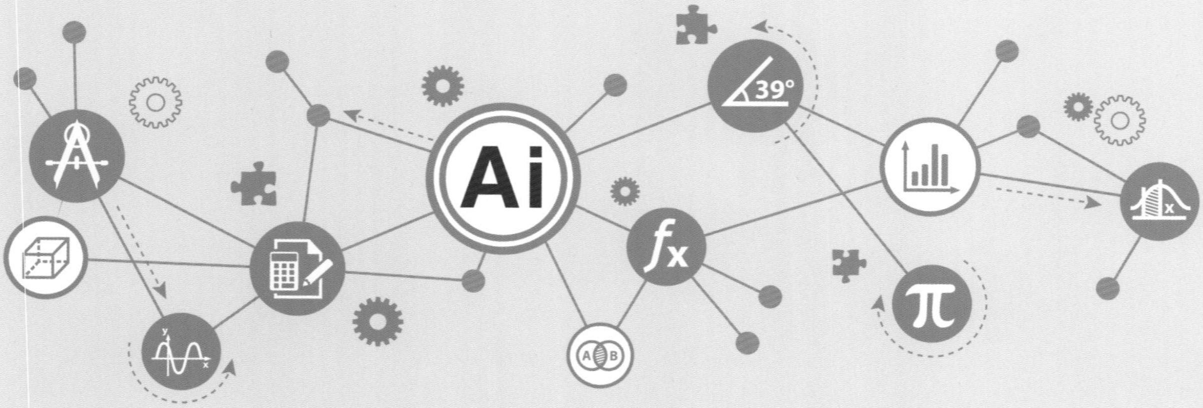
Ai
39°

초등
왕수학

초등 왕수학